KB055682

멘사 수학
논리 테스트

MENSA LOGIC TESTS BY MENSA

Copyright © Carlton Books Ltd 2016
All rights reserved

Korean Translation Copyright © 2018 by DASAN PUBLISHERS HOUSE
Korean translation rights arranged with CARLTON BOOKS LIMITED through EYA(Eric Yang Agency)

이 책의 한국어판 저작권은 EYA(Eric Yang Agency)를 통한
CARLTON BOOKS LIMITED 사와의 독점계약으로 다산기획이 소유합니다.
저작권법에 의하여 한국 내에서 보호를 받는 저작물이므로 무단전재 및 복제를 금합니다.

멘사 수학 두뇌 프로그램

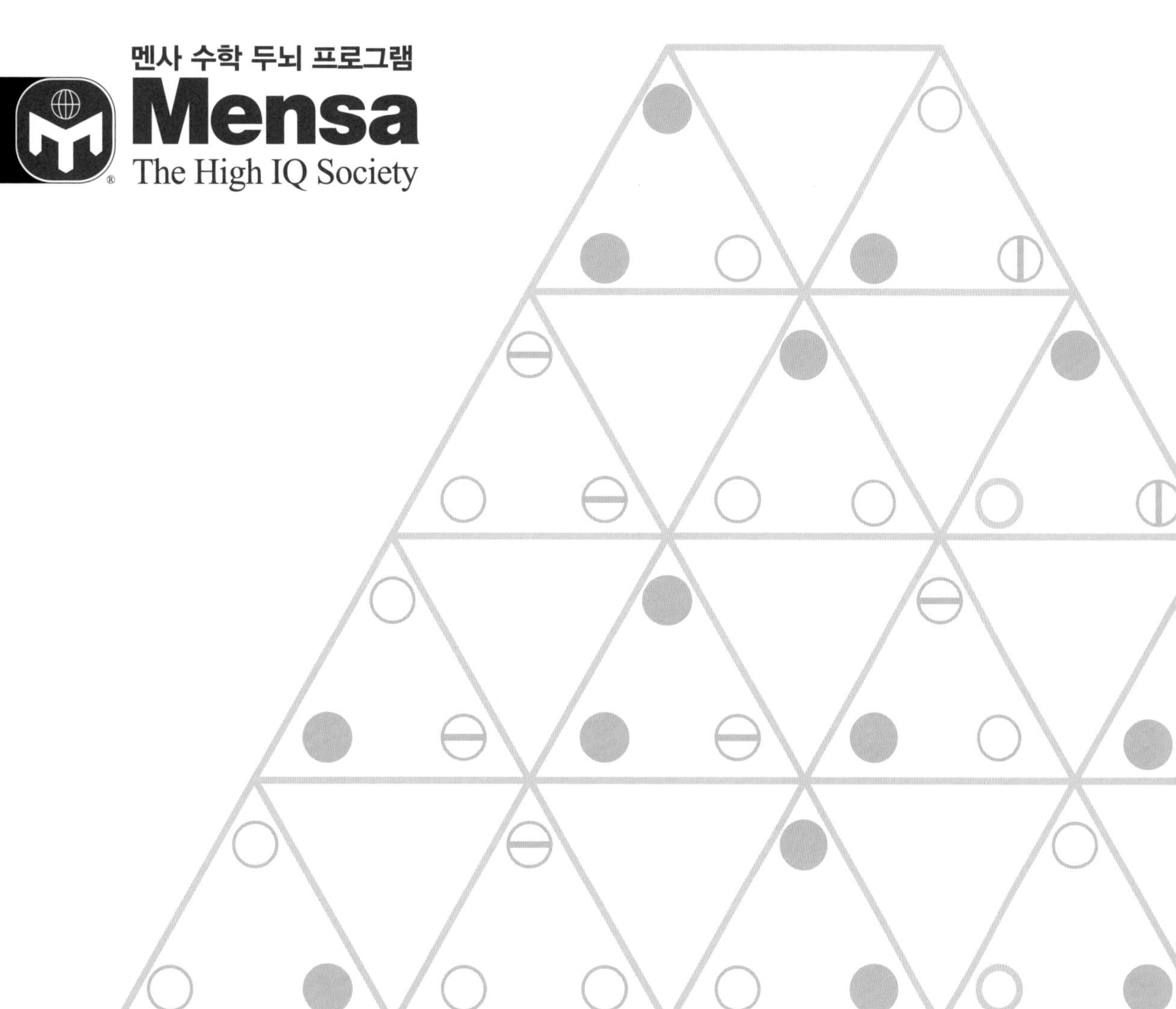

멘사 수학 논리 테스트

멘사 인터내셔널 지음 · 윤상호 옮김

다산기획

옮긴이의 말

작은 도전의 즐거움과 성취감을 느낄 수 있는 책!

윤 상 호_서울과학고등학교 수학 교사

멘사 수학 논리 테스트의 문제들은 매우 도전적이다. 난이도가 쉬운 문제부터 어려운 문제까지 다양하게 있지만, 푸는 과정을 통해 재미와 성취감을 느낄 수 있는 문제들이다. 멘사 수학 논리 테스트를 풀 때 마음에 담아두었으면 하는 세 가지 정도를 정리해보았다.

첫째, 문제를 풀다 막히면 문제를 메모지에 적고, 산책을 나가보자. 산책을 하면 기분이 좋아지고 휴식도 된다. 때때로 문제에 대한 아이디어가 떠오르면 메모지에 아이디어를 적어보자. 또 다른 방법이 있다면 가슴을 펴고 심호흡을 해보자. 확실히 효과가 있다.

둘째, 어려운 문제를 풀었을 때는 기록을 꼭 남기자. 그 문제를 풀었을 때의 기쁨과 감동을 일기에 적어본다. 문제를 해결하는 과정과 문제를 풀었을 때의 감정 상태를 꼼꼼히 적어보자. 그리고 그 기록을 가끔씩 읽어보자. 어려운 문제를 만나 기운이 빠지거나 짜증이 날 때, 이런 기록을 읽으면 힘이 나고 다시 도전할 수 있는 용기도 생긴다. 뛰어난 인물들의 공통점은 좋은 기록을 남기고, 이를 다시 읽어 보는 것이다.

셋째, 문제를 못 풀어서 실망스러울 때는, '나는 도전하기 때문에 실패하고 있다'라는 사실을 기억하자. 그리고 본인이 적어 놓은 기쁨과 감동의 기억들을 찬찬히 읽어보자. '천 리 길도 한걸음부터'라는 말이 있다. 중요한 것은 작은 도전을 계속 하는 것이다. 이렇게 꾸준히 노력하는 사람은 결국 목표에 다다를 수 있다.

숨어 있는 1%의 지능 잠재력 업그레이드 프로그램

멘사 수학 두뇌 프로그램 시리즈!

멘사 수학 두뇌 프로그램의

5가지 활용법

멘사 수학

아이큐 테스트
수학 테스트
퍼즐 테스트
논리 테스트

두뇌 upgrade 1
논리적 추론 능력 향상!

멘사 수학의 핵심이며 중추이다. 기존의 지능 테스트와 달리 무질서하게 주어진 상황과 정보 속에서 도전자들이 비교 분석을 통해 질서와 규칙을 발견하도록 이끈다. 이 과정을 통해 논리적 사고 및 논리적 추론 능력이 향상된다.

두뇌 upgrade 2
창의적인 문제 해결 능력 향상!

도전자에 따라 다양한 방식으로 유연하게 문제를 풀 수 있다. 상상력을 발휘하여 새로운 방식으로 시도하고 도전해봄으로써 사고의 유연성과 창의적인 문제 해결 능력을 키운다.

두뇌 upgrade 3
공간 지각 능력 향상!

도형을 이용해 추리력과 공간 지각력을 테스트한다. 추상적인 시각 정보를 객관적으로 받아들이고 스스로 문제를 해결해가는 과정을 통해 수학에서 가장 난해한 분야인 공간 지각 능력을 향상시킨다. 또한 새로운 연역과 추론이 가능해지고, 결과적으로 다룰 수 있는 정보의 양도 늘어난다.

두뇌 upgrade 4
수리력과 정보 처리 능력 향상!

복잡하고 어려운 계산을 요구하지 않는다. 배우고 외운 내용을 기계적으로 학습하기보다는 실제 데이터를 바탕으로 발상의 전환을 요구한다. 수리력과 정보 처리 능력의 향상을 통해 탐구의 재미를 높이고, 새로운 사실을 받아들이는 능력을 키운다.

두뇌 upgrade 5
기억력과 집중력 향상!

멘사 수학의 다양한 수학 퍼즐을 풀어가는 과정은 곧 적극적인 두뇌 운동이자 훈련이다. 운동으로 근육을 만들듯, 멘사 수학 테스트는 집중력을 향상시키고 두뇌를 깨워 두뇌의 근육을 키워준다.

이 책의 사용설명서

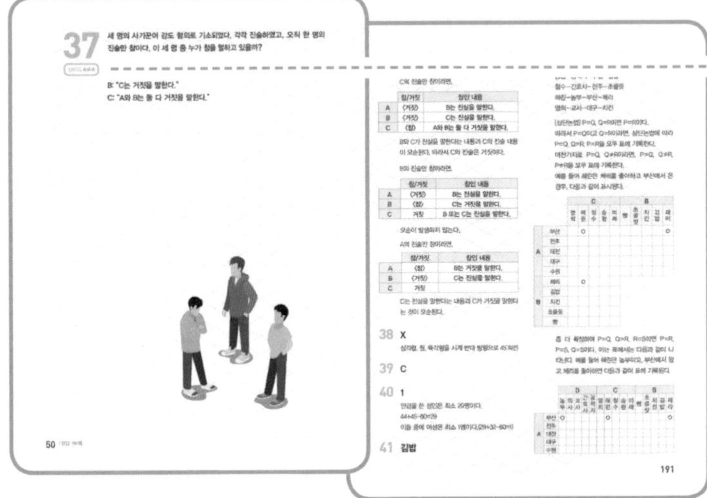

난이도★★★

각 문제마다 난이도를 3단계로 나누어 표시해 두었다.

이 책에는 수리, 연산, 규칙, 논리, 공간 등 다양한 수학 영역의 문제가 3단계의 난이도에 따라 구성되어 있다.
처음에는 쉬운 문제부터 도전해 보는 것도 좋은 방법이다.
어려운 확률 문제나 논리 문제의 경우, 중학교 수준에 맞춰 풍부한 해설을 친절하게 달아 두었다.

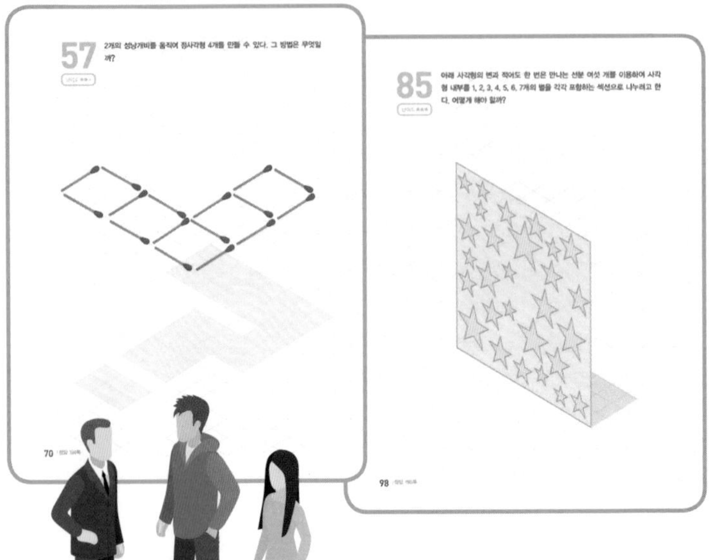

- 공간 지각 능력

성냥개비를 이용한 도형 문제나 조건에 따라 공간을 나누는 문제, 도형 문제 등은 공간 지각 능력을 키우는 데 많은 도움을 준다.
추상적인 시각 정보를 객관적으로 받아들이고 스스로 문제를 해결해가는 과정을 통해 멘사 수학에서 난해한 분야인 공간 지각 능력을 향상시킬 수 있다.

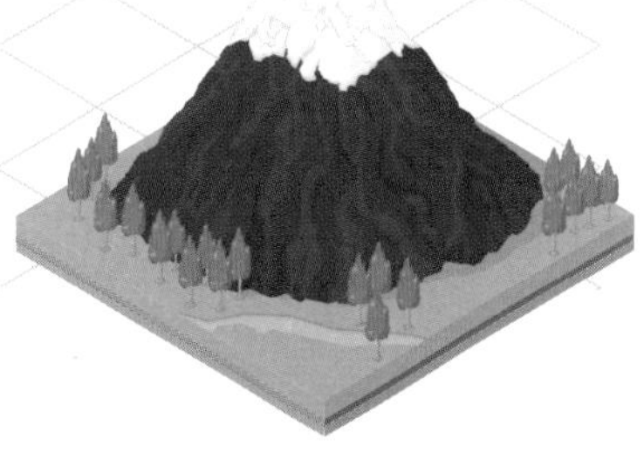

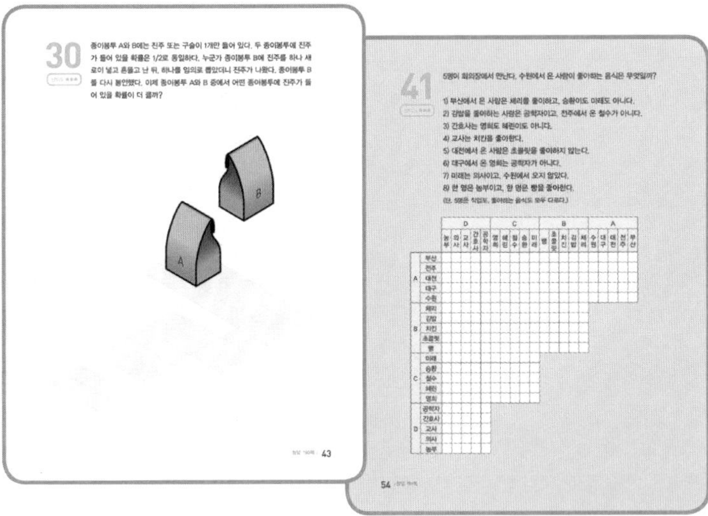

30

종이봉투 A와 B에는 진주 또는 구슬이 1개만 들어 있다. 두 종이봉투에 진주가 들어 있을 확률은 1/2로 동일하다. 누군가 종이봉투 B에 진주를 하나 새로이 넣고 흔들고 난 뒤, 하나를 임의로 뽑았더니 진주가 나왔다. 종이봉투 B를 다시 봉인했다. 이제 종이봉투 A와 B 중에서 어떤 종이봉투에 진주가 들어 있을 확률이 더 클까?

43

41

5명이 회의장에서 만난다. 수원에서 온 사람이 좋아하는 음식은 무엇일까?

1) 부산에서 온 사람은 체리를 좋아하고, 승환이도 미래도 아니다.
2) 김밥을 좋아하는 사람은 공학자이고, 전주에서 온 철수가 아니다.
3) 간호사는 영희도 혜린이도 아니다.
4) 교사는 치킨을 좋아한다.
5) 대전에서 온 사람은 초콜릿을 좋아하지 않는다.
6) 대구에서 온 영희는 공학자가 아니다.
7) 미래는 의사이고, 수원에서 오지 않았다.
8) 한 명은 농부이고, 한 명은 빵을 좋아한다.
(단, 5명은 직업도, 좋아하는 음식도 모두 다르다.)

54

• 논리 추론과 확률 해결 능력

멘사 수학 논리 테스트의 핵심은 논리 추론과 확률이다. 특히 **논리 문제의 경우, 수학의 기초를 이루는 논리적이고 창의적인 사고를 바탕으로 논리적인 추론 과정을 거쳐 결론을 이끌어 내는 데 많은 도움을 준다.** 확률이란 어떤 사건이 일어날 가능성을 수로 나타낸 것으로, 같은 원인에서 특정 결과가 나타나는 비율을 이끌어 내는 과정 또한 논리적 사고를 바탕으로 하고 있다.

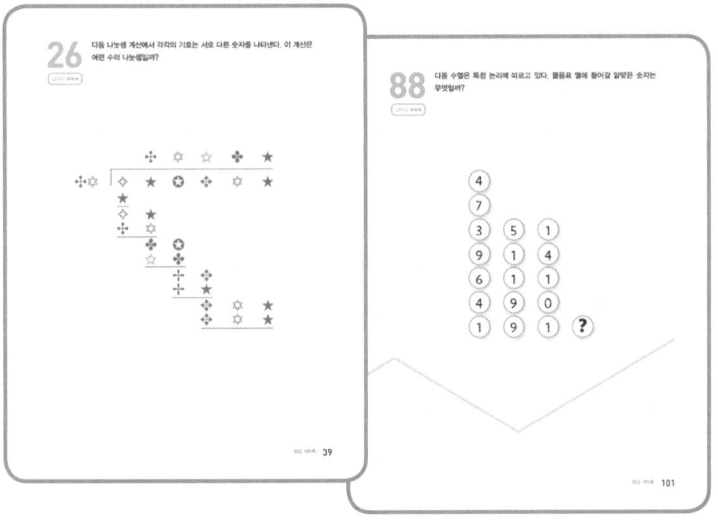

26

다음 나눗셈 계산에서 각각의 기호는 서로 다른 숫자를 나타낸다. 이 계산은 어떤 수의 나눗셈일까?

39

88

다음 수열은 특정 논리에 따르고 있다. 물음표 옆에 들어갈 알맞은 숫자는 무엇일까?

4
7
3 5 1
9 1 4
6 1 1
4 9 0
1 9 1 ?

101

• 수의 규칙 및 연산 능력

수학의 기본은 수의 개념과 체계, 수의 관계와 규칙을 이해하는 데서 출발한다. **이런 수의 연산과 규칙성 문제들을 통해 두뇌 훈련도 하고, 수의 감각도 키우며, 집중력을 키울 수 있다.**

베타테스터의 나도 한 마디!

이소연 _안산 대월초등학교 선생님

멘사 수학 시리즈를 통해 수학의 다양한 유형과 난이도의 문제를 접함으로써 사고력과 창의력을 키울 수 있을 것 같다. 직관적 사고력을 요구하는 문제와 논리적 사고력을 요구하는 문제들이 골고루 섞여 있어 뇌 발달에도 도움이 될 것이다. 이 책에는 난이도에 따라 어려운 문제들도 있으나 중학교 수준에 맞춰 친절한 해설이 달려 있어 문제를 해결하는 데 많은 도움을 줄 것이다.

김혜리 _한신 수학학원 원장

문제의 구성이 수리력 문제와 사고력 문제가 골고루 섞여 있어 매우 좋았다. 또한 모든 문제가 입체적인 그림과 함께 구성되어 있어 학생들 입장에서 신선하고 지루하지 않게 풀 수 있다는 데에 높은 점수를 주고 싶다. 4권으로 이루어진 멘사 수학 시리즈는 수학의 다양한 영역과 난이도 문제로 구성되어 있어 집에 비치해 둔다면 초등학생부터 고등학생까지 그리고 멘사 문제와 두뇌 발달에 관심이 많은 성인들에게도 좋은 기본 교재가 될 것이다.

조진광 _자영업

나이가 들수록 암산이나 숫자를 기억하는 일이 점점 힘들어졌다. 이렇게 숫자 감각이 떨어지다 치매에 걸리지 않을까 걱정도 되었다. 뭐 좋은 방법이 없을까 고민하다 이 멘사 수학 시리즈를 알게 되었다. 처음에는 어떻게 문제를 풀어야 할지 감이 잡히지 않았다. 하루에 열 문제만 풀기로 하고 매일 반복하니 점점 속도가 빨라졌다. 같은 유형의 문제가 반복되어 풀이법을 응용하니 중간에 포기하지 않고 끝까지 풀 수 있었다. 오랜만에 몰입해서 문제를 풀다보니 점차 두뇌 회전이 빨라졌고 스스로도 대견했다.

정민형_원묵중학교 1학년

멘사 수학 시리즈는 개인적으로 숫자를 이용한 다양한 유형의 문제가 많아 좋았다. 단순 공식 대입이 아니라 창의적 사고를 필요로 하는 문제이기에 난이도에 따라 어렵게 느껴지기도 했지만 기발하고 신기했다. 멘사 수학 시리즈 중에서 멘사 수학 퍼즐 테스트와 멘사 수학 논리 테스트가 다른 책보다 조금 어렵게 느껴졌다. 하지만 난이도가 쉬운 문제의 팁을 적용하니 어려운 문제도 하나씩 해결할 수 있었다.

김재우_자양중학교 3학년

멘사 수학 문제라 긴장했는데, 생각보다 막막하지 않았고, 푸는 과정도 흥미롭고 재미있었다. 특히 다양한 유형의 문제들이 있어 지루하기보다는 다양한 시도와 접근을 해볼 수 있어 좋은 기회가 되었다. 일부 확률 문제나 논리 문제, 도형 문제 중에서 어려운 문제도 있었지만 해설이 친절하게 되어 있어 많은 도움이 되었다.

한찬종_잠실중학교 2학년

처음 접해보는 유형의 문제였다. 처음에는 어려워 포기하고 싶었다. 하지만 마음을 바꿔 풀 수 있는 쉬운 문제부터 도전해보니 생각보다 쉽게 풀렸다. 기분이 짜릿했다. 무엇보다 학교에서 배우는 수학과 좀 다른 방식으로 생각하고 문제를 풀어나가는 게 신선했고 지루하지 않았다. 특히 다양한 수학 영역의 문제가 골고루 섞여 있어 내가 어느 부분이 약한지 알 수 있는 좋은 기회였다.

전보람_광양중학교 3학년

평소에 풀던 수학 문제집에서는 볼 수 없었던 새로운 유형의 문제들이 많아 무척 신선했다. 난이도가 상·중·하로 나뉘어 있어 거부감 없이 도전할 수 있었다. 창의력과 사고력을 요구하는 다양한 유형의 문제들이 많아 획일적인 수학 문제보다 지루하지 않았고, 두뇌 발달에 많은 도움을 줄 거 같다. 고등 수학을 진행하는 데도 좋은 경험이 될 거 같다.

멘사란 무엇인가?

멘사(Mensa)는 1946년 영국의 롤랜드 버릴(Roland Berrill) 변호사와 과학자이자 법률가인 랜스 웨어(Lance Ware) 박사에 의해 창설된 국제단체이다. 멘사는 아이큐가 높은 사람들의 모임으로, 비정치적이고 모든 인종과 종교를 넘어 인류복지 발전을 위해 최대한 활용한다는 취지로 만들어졌다. 남극 대륙을 제외한 각 대륙 40개국에 멘사 조직이 구성되어 있고, 10만 명의 회원이 가입되어 있다.

멘사는 라틴어로 '둥근 탁자'를 의미하며, 이는 위대한 마음을 가진 사람들이 둥근 탁자에 둘러앉아 동등한 입장에서 자신의 의견과 입장을 밝힌다는 의미를 담고 있다.

멘사는 자체 개발한 언어와 그림 테스트에서 일정 기준 이상의 점수를 통과하거나 공인된 지능 테스트에서 전 세계 인구 대비 상위 2% 안에 드는 148 이상을 받은 사람에게 회원 자격을 주고 있다. 이 점만이 멘사 회원의 유일한 공통점이며, 그 외의 나이, 직업, 교육 수준, 가치관, 국가, 인종 등은 매우 다양하다. 반면에 멘사는 정치, 종교 또는 사회 문제에 대해 특정한 입장을 지지하지 않는다.

이 모임의 목표는

첫째, 인류의 이익을 위해 인간의 지능을 탐구하고 배양한다.
둘째, 지능의 본질과 특징, 활용 연구에 매진한다.
셋째, 회원들에게 지적, 사회적으로 자극이 될 만한 환경을 제공한다.

아이큐 점수가 전체 인구의 2%에 해당하는 사람은 누구나 멘사 회원이 될 수 있다. 우리가 찾고 있는 '50명 가운데 한 명'이 당신이 될 수도 있다.

멘사 회원이 되면 다음과 같은 혜택을 누릴 수 있다

국내외의 네트워크 활동과 친목 활동
예술에서 동물학에 이르는 각종 취미 모임
매달 발행되는 회원용 잡지와 해당 지역의 소식지
게임 경시대회에서부터 함께 즐기는 정기 모임
주말마다 여는 국내외 모임과 회의
지능 자극에 도움이 되는 각종 강의와 세미나
여행객을 위한 세계적인 네트워크인 SIGHT에 접속할 수 있는 권한

멘사에 대한 좀 더 자세한 정보는 멘사 인터내셔널과 멘사코리아 홈페이지를 참조하기 바란다.

www.mensa.org | www.mensakorea.org

차례

멘사 수학 논리 테스트

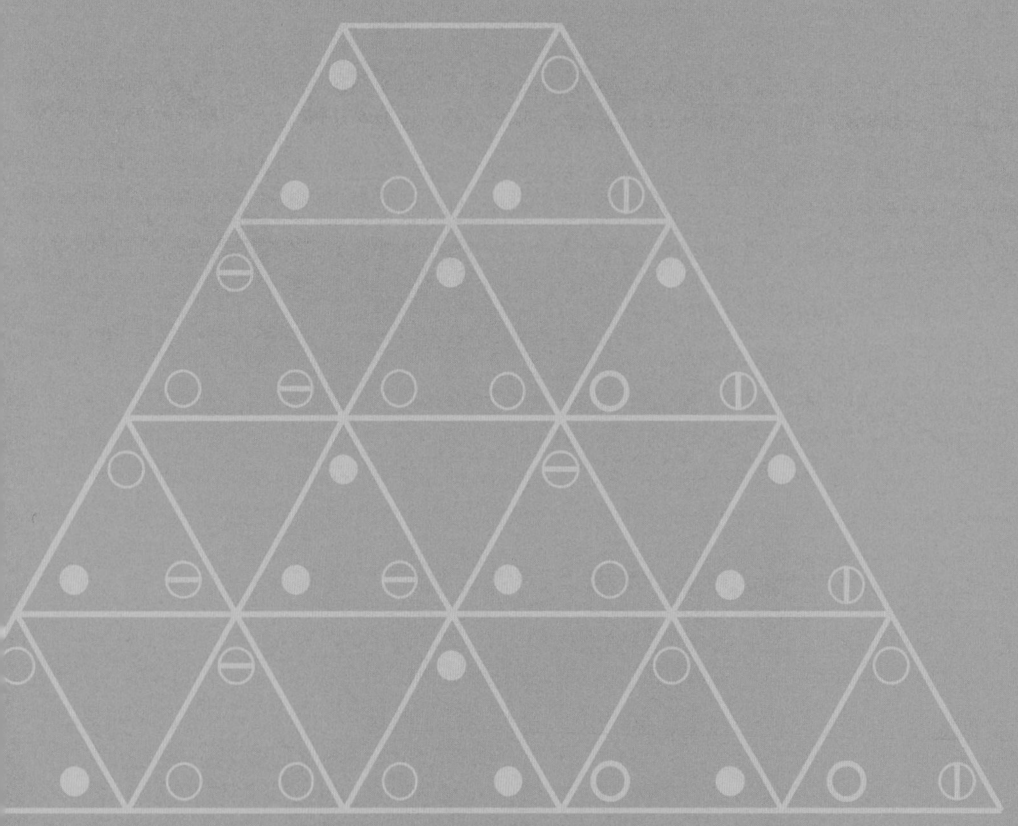

문제

01

난이도★★★

아래 28개의 타일을 이용하여 다음과 같은 숫자판을 완성하시오.

2	0	0	6	5	3	3	0
3	6	5	4	0	1	1	3
2	0	2	2	4	5	3	6
4	6	5	5	2	5	5	0
2	2	1	0	4	0	6	3
6	6	3	4	4	2	1	5
4	1	3	1	4	6	1	1

[0|0]

[0|1] [1|1]

[0|2] [1|2] [2|2]

[0|3] [1|3] [2|3] [3|3]

[0|4] [1|4] [2|4] [3|4] [4|4]

[0|5] [1|5] [2|5] [3|5] [4|5] [5|5]

[0|6] [1|6] [2|6] [3|6] [4|6] [5|6] [6|6]

02

난이도★★★

다음 규칙에 따라 도로를 안전하게 횡단하려고 한다. 규칙에는 오류가 있다. 규칙을 정확히 따르면 길을 건너지 못할 수도 있다. 무엇이 문제일까?

1. 건너고자 하는 횡단보도 앞까지 간다.
2. 건너고자 하는 방향을 바라본다.
3. 두 방향을 모두 살펴보고 차량이 있는지 확인한다.
4. 20미터 이내에 차량이 있는가? 그렇다면 2단계로 돌아가고, 그렇지 않으면 계속한다.
5. 길을 건넌다.
6. 횡단보도에서 인도로 이동한다.
7. 멈춘다.

정답 188쪽

03

난이도★★★

다음 등식이 성립하도록 수학 연산 기호 +, −, ×, ÷, ( )를 넣으시오.

A　7 ○ 6 ○ 5 ○ 15 ○ 18 = 23

B　9 ○ 7 ○ 7 ○ 3 ○ 13 = 13

C　8 ○ 9 ○ 12 ○ 14 ○ 5 = 4

| 정답 188쪽

04

난이도★★

다음 격자판은 특정 패턴에 따르고 있다. 격자판의 빈 부분을 채워보시오.

두 개의 문이 있고, 그 중 하나는 악당이 숨어 있는 위험한 문이다. 각각의 문에는 다음과 같은 안내문이 붙어 있다. 그 중 하나는 참이고, 하나는 거짓이다. 어떤 문을 열면 안전할까?

문 A 안내문: 이 문은 안전하지만, 문 B는 위험하다.
문 B 안내문: 한 문은 안전하고, 다른 한 문은 위험하다.

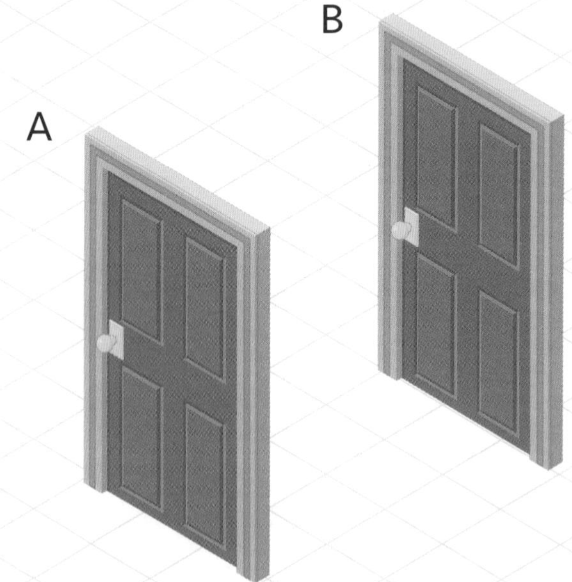

06

난이도★

다음 삼각형에는 특정 논리에 따라 문자가 적혀 있다. 물음표에 들어갈 알맞은 문자는 무엇일까?

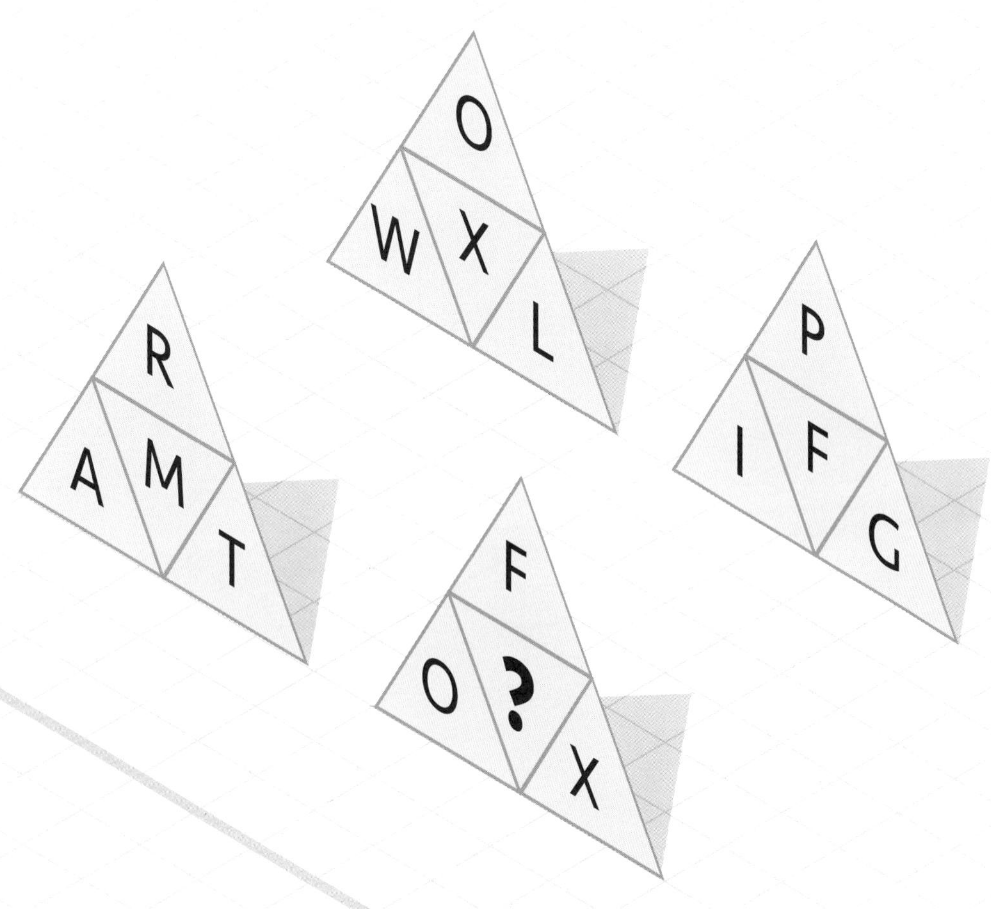

정답 188쪽

07

난이도 ★★★

다음 격자판에는 특정 논리에 따라 숫자가 적혀 있다. 물음표에 들어갈 알맞은 숫자는 무엇일까?

A	B	C	D	E
3	7	1	3	7
0	1	1	9	1
7	5	3	5	?
8	3	8	3	3
4	1	0	6	1

3명의 궁수가 각각 화살을 다섯 발씩 쏘았다. 세 개의 과녁에 꽂힌 화살을 보고 궁수는 각각 세 가지 진술을 하였고, 그 중 하나씩은 거짓이다. A, B, C는 각각 몇 점일까?

A: C는 260점 득점하였다. 나는 최저점이 아니다. C와 B는 20점 차이이다.
B: 나는 A보다 40점 덜 득점하였다. 나는 200점을 득점하였다. 나는 C보다 20점 더 득점하였다.
C: B는 220점 득점하였다. 나는 B보다 덜 득점하였다. B가 A보다 60점 더 득점하였다.

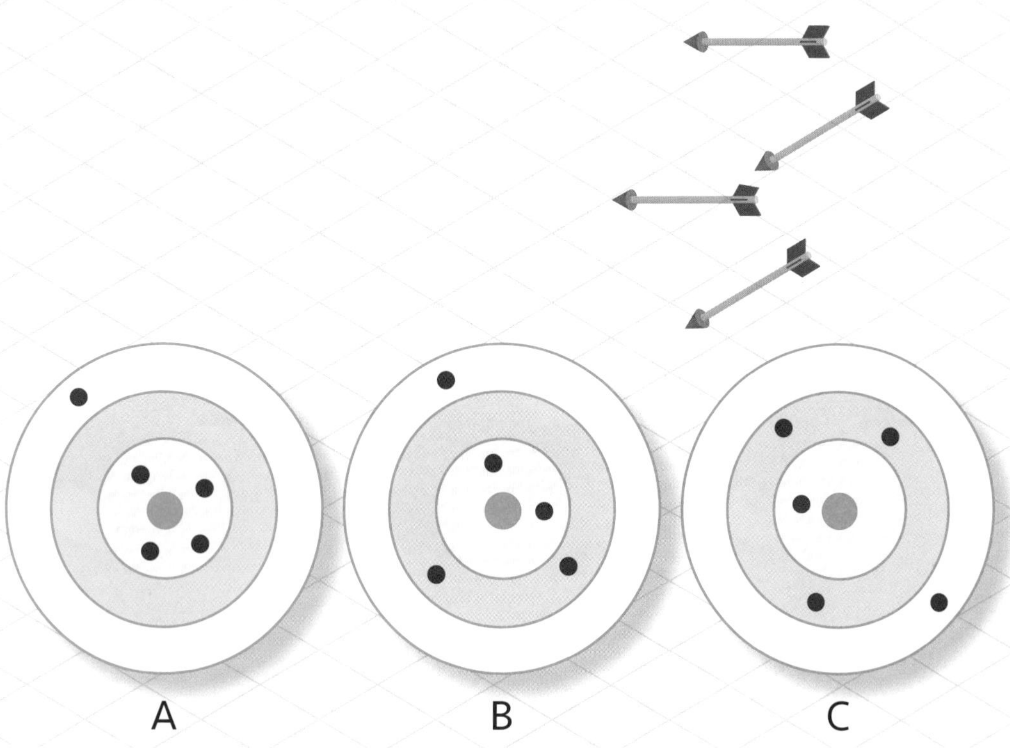

09

난이도★★★

다음 그림에서 A가 B와 짝이라면, C는 누구와 짝을 이룰까?

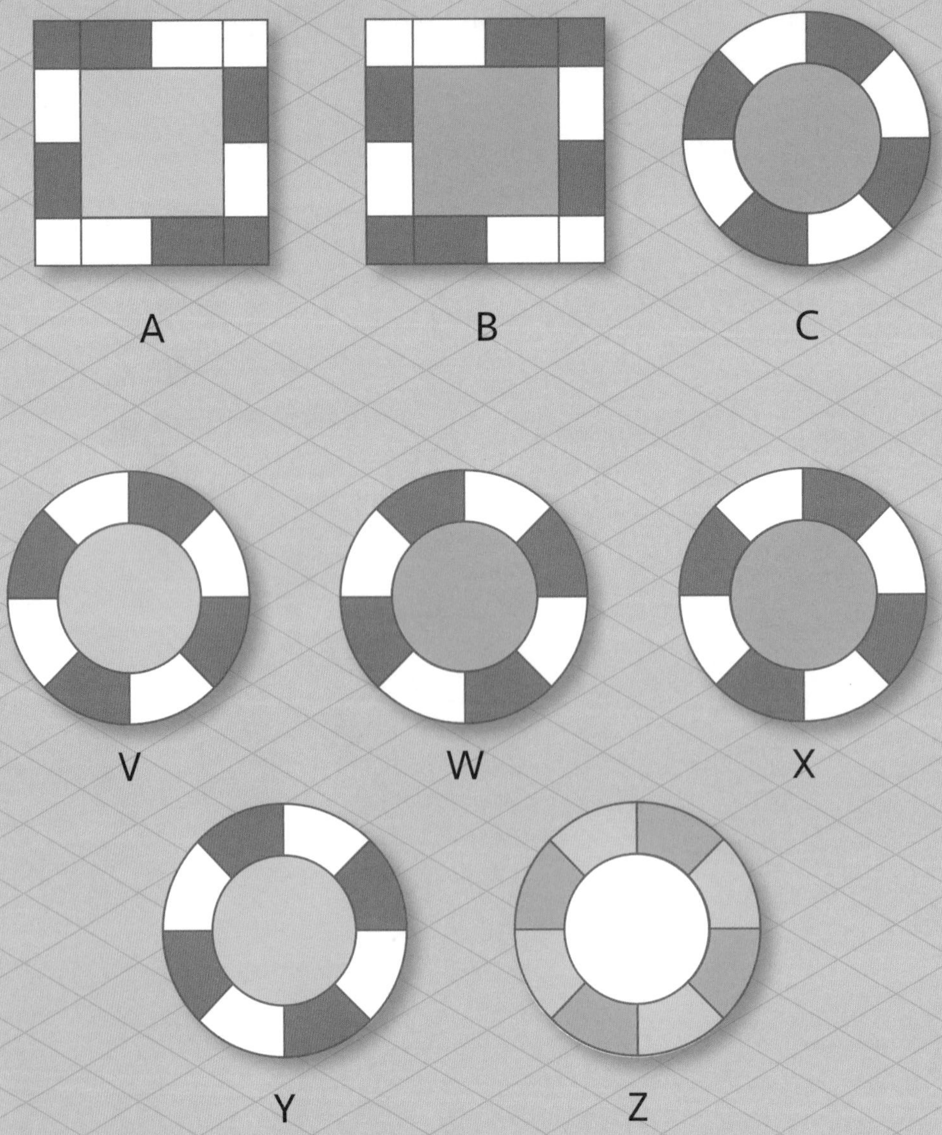

10

난이도 ★★☆

아래의 타일은 5×5 격자판에서 가져온 것이다. 이 타일들을 정확하게 재조립한다면 가로줄과 세로줄의 다섯 자리 수의 배치는 같다. 이 타일들을 이용하여 5×5 격자판을 완성하시오.

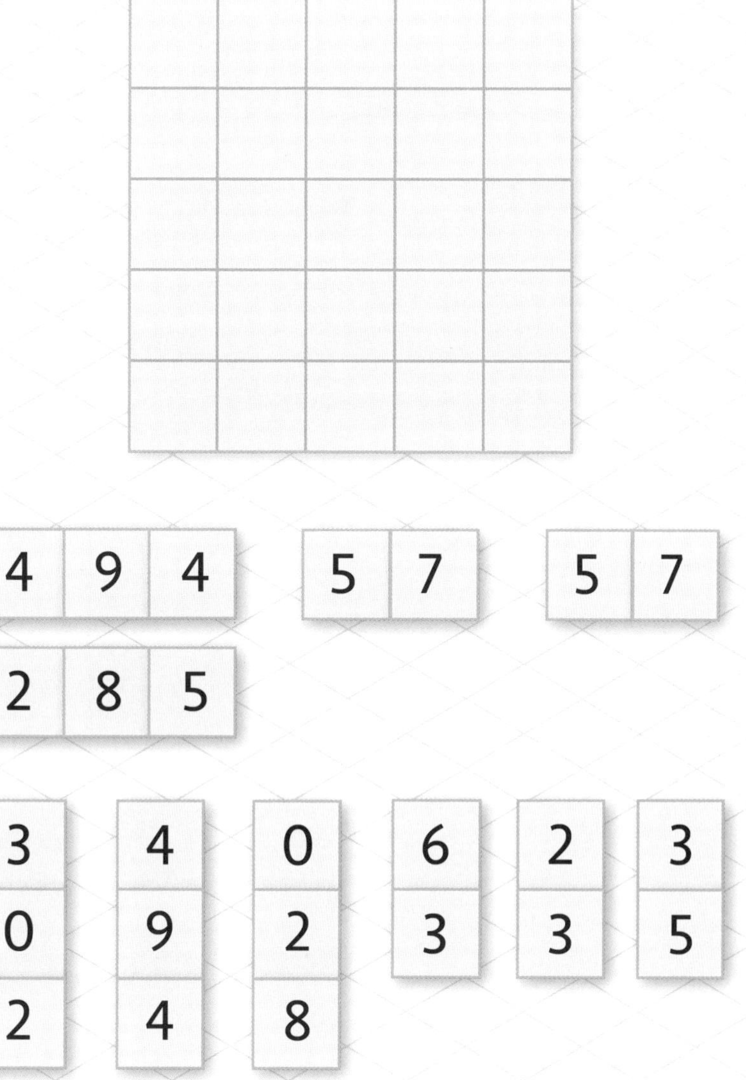

난이도 ★★★

다음 사각형 안에 3개의 원을 그려 각각의 원 안에 삼각형, 사각형, 오각형이 하나씩만 포함하도록 하시오.

(단, 두 개의 원이 같은 삼각형, 사각형, 오각형 모두를 포함하지는 않는다.)

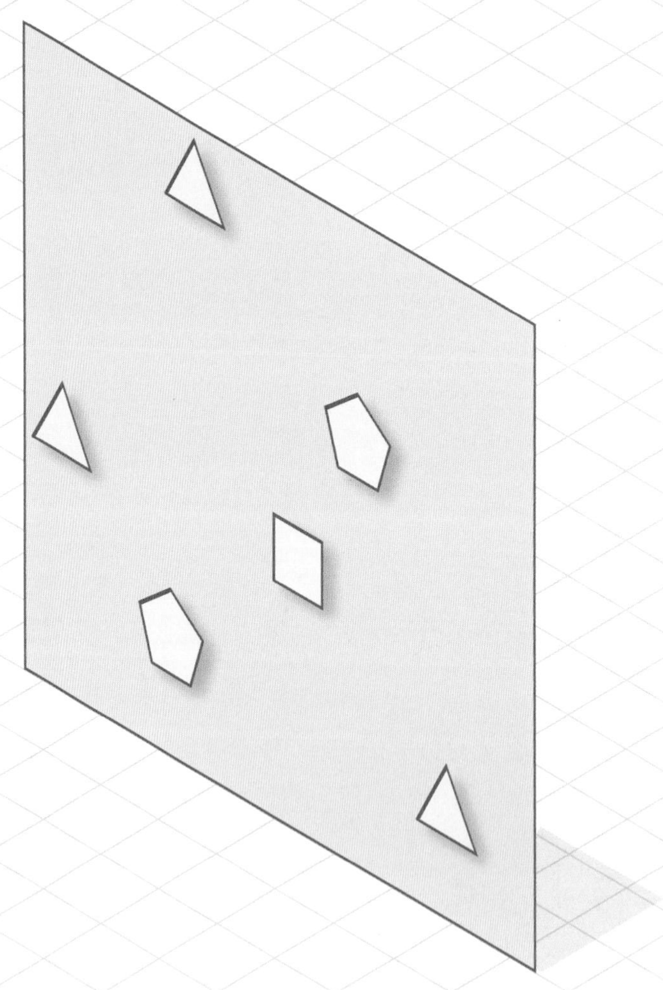

12

난이도★★★

다음 그림에는 10명이 도심의 서로 다른 위치에 있는 곳을 표시해두었다. 이때 약속 장소를 어디로 정하면 이동거리의 합이 최소가 될까?

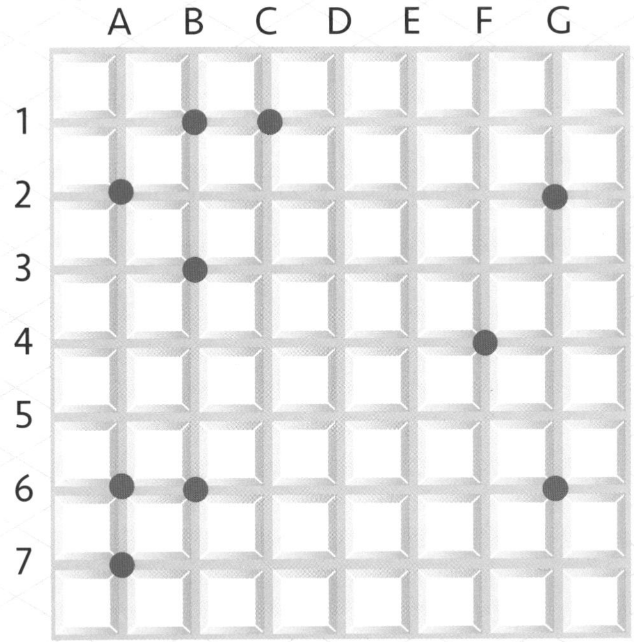

정답 188쪽

13

난이도 ★★★

10명이 5개씩 두 줄로 마주 한 책상에 앉아 있다. 한 줄에는 남자가 앉아 있고, 다른 한 줄에는 여자가 앉아 있다. 조건이 다음과 같다면, 희선은 몇 번 책상에 앉아 있을까?

1번 책상 앞에 10번 책상이 있다.
희선의 옆자리의 앞 책상에 태현이 앉아 있다.
승우의 옆자리에는 현수가 앉아 있다.
수진과 고은의 책상 사이에는 책상이 두 개 있다.
원준의 옆자리의 앞 책상에 혜린이 앉아 있다.
8번 책상에는 철수 또는 태현이 앉아 있다.
10번 책상과 마주하는 책상의 옆자리에 수진이 앉아 있다.
혜린의 앞자리에는 철수가 앉아 있다.
철수와 승우의 책상 사이에는 책상이 두 개 있다.
3번 책상에는 수진 또는 선영이 앉아 있다.

14

난이도★★★

아래 사각형의 변과 적어도 한 번은 만나는 선분 여섯 개를 이용하여 사각형 내부를 1, 2, 3, 4, 5, 6, 7개의 별을 각각 포함하는 섹션으로 나누려고 한다. 어떻게 해야 할까?

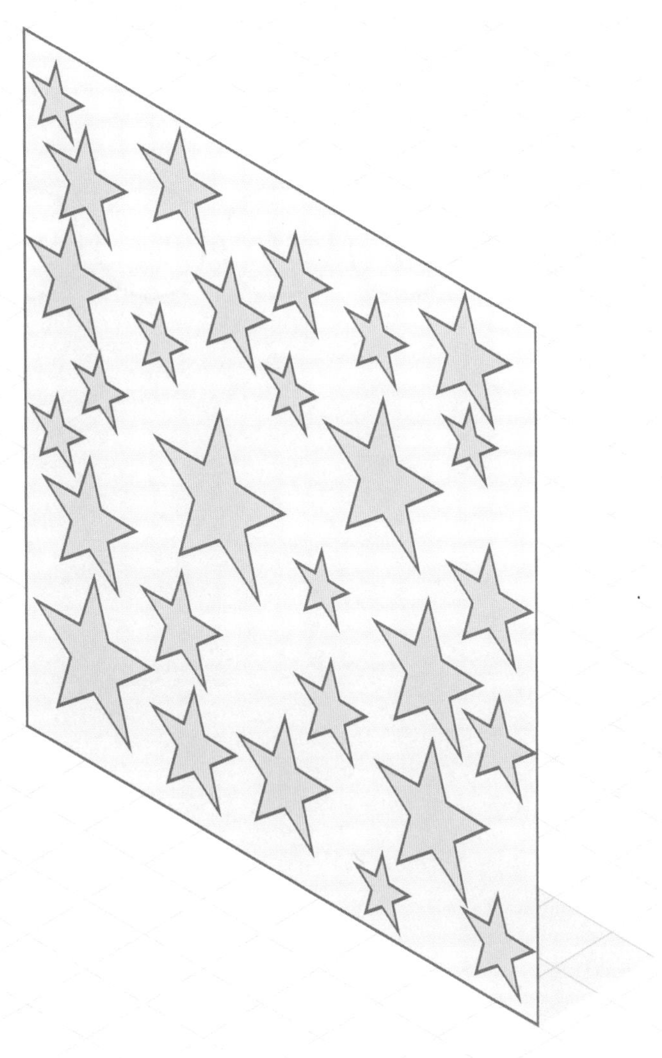

15

난이도 ★★★

다음 수열에서 물음표에 들어갈 알맞은 수는 무엇일까?

16

난이도★★★

두 사람이 체스를 두고 있다. 게임마다 이기면 승점 2점, 무승부면 승점 1점, 지면 0점이다. 두 사람이 똑같이 0점에서 시작해 3번의 게임이 끝났고, 각각 승점은 4점이다. 어떻게 이런 일이 가능할까?

정답 189쪽

17

난이도★★★

다음 삼각형에는 특정 논리에 따라 숫자가 적혀 있다. 물음표에 들어갈 알맞은 숫자는 무엇일까?

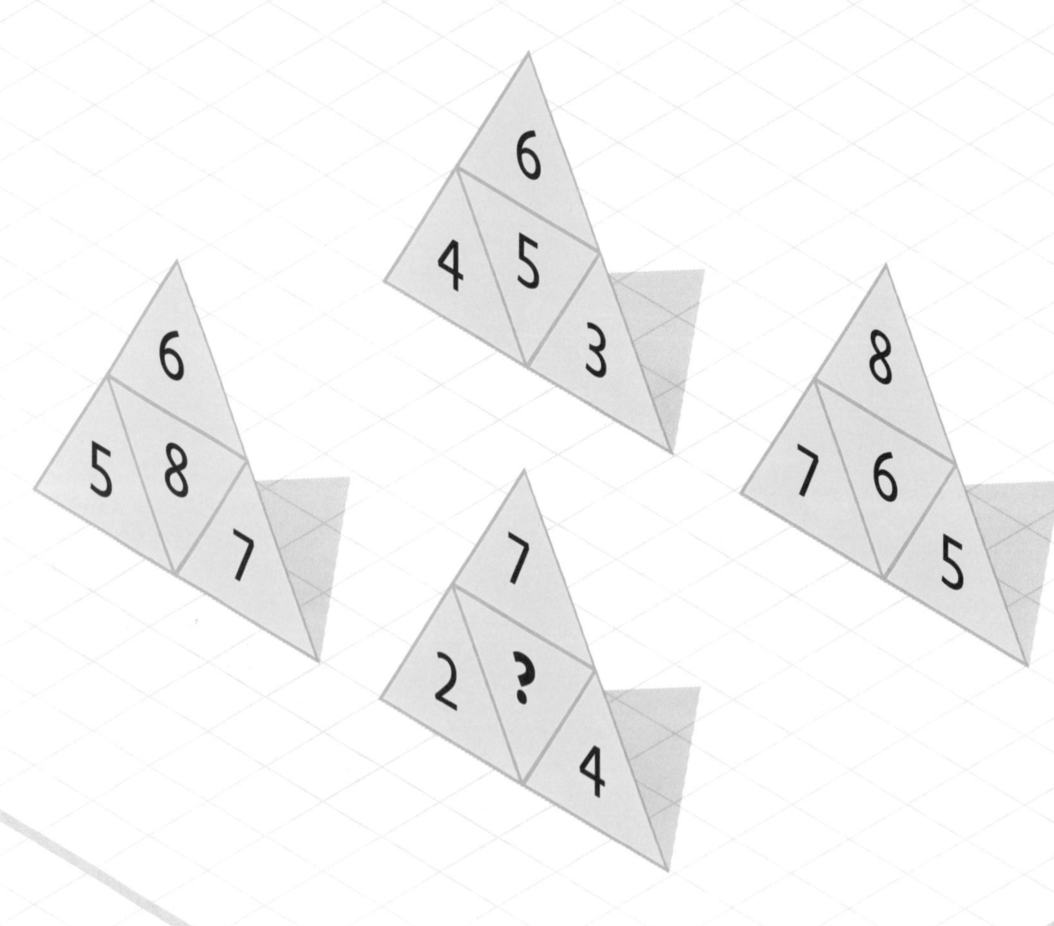

18

난이도★★★

다음 격자판을 네 개의 같은 모양으로 나눌 때, 그 구역 안에 다섯 가지 도형이 각각 하나씩 들어가도록 나누어보시오.

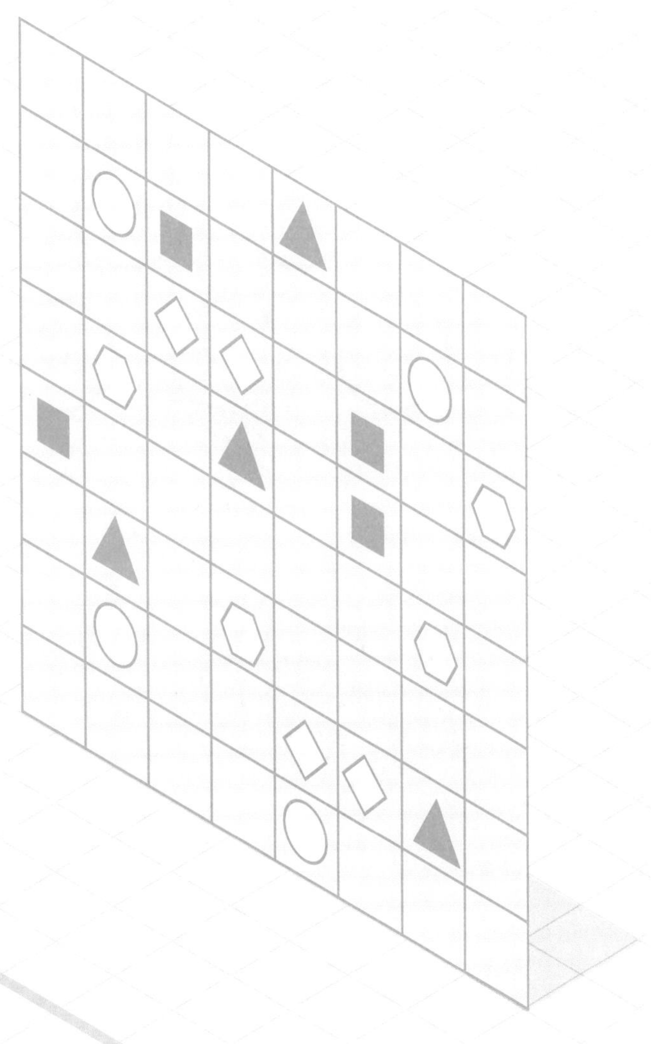

정답 189쪽

19

난이도 ★★★

다음 수들은 특정 논리에 따르고 있다. 물음표에 들어갈 알맞은 수는 무엇일까?

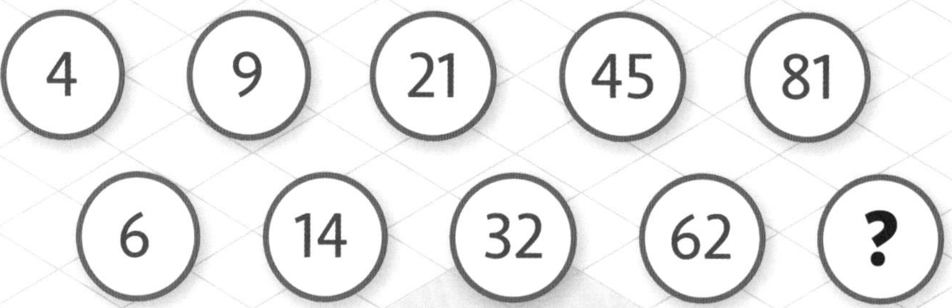

20

난이도★★★

아래의 그림 조각을 이용해 다음 삼각형의 전체 도형 기호를 덮는 방법은 무엇일까?

(단, 연결선이 모두 덮일 필요는 없다.)

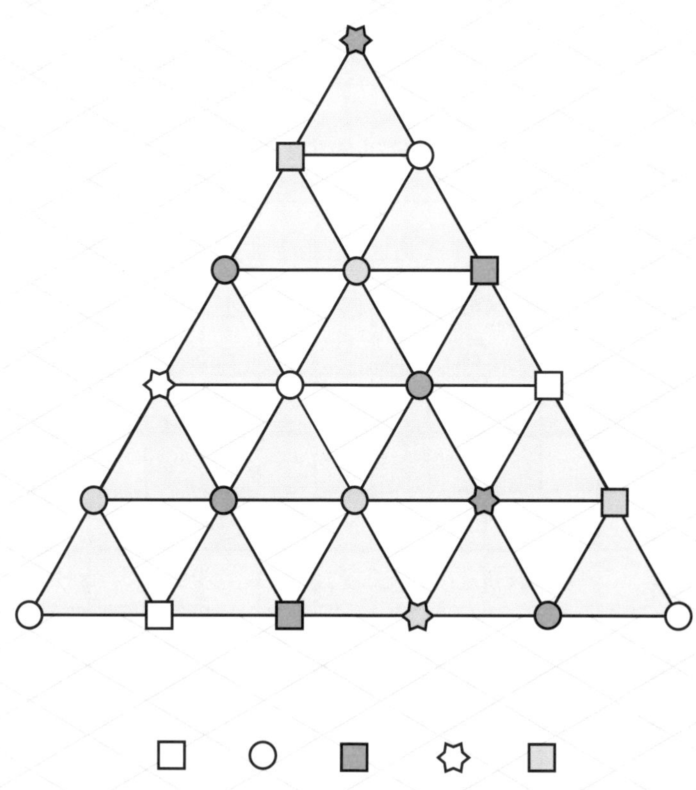

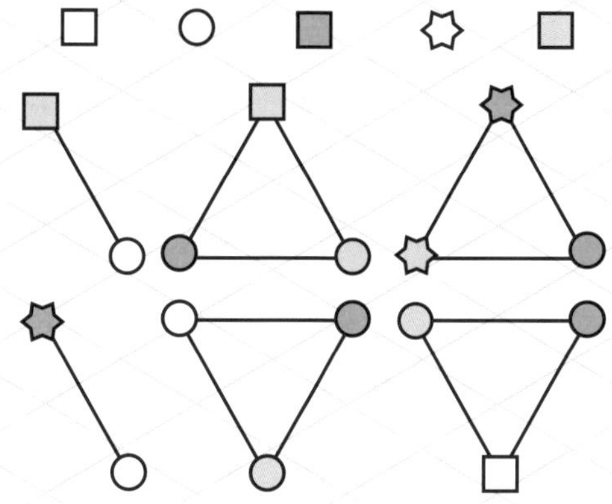

21

난이도 ★★★

아래의 수들을 이용하여 다음의 십자풀이를 완성하시오.

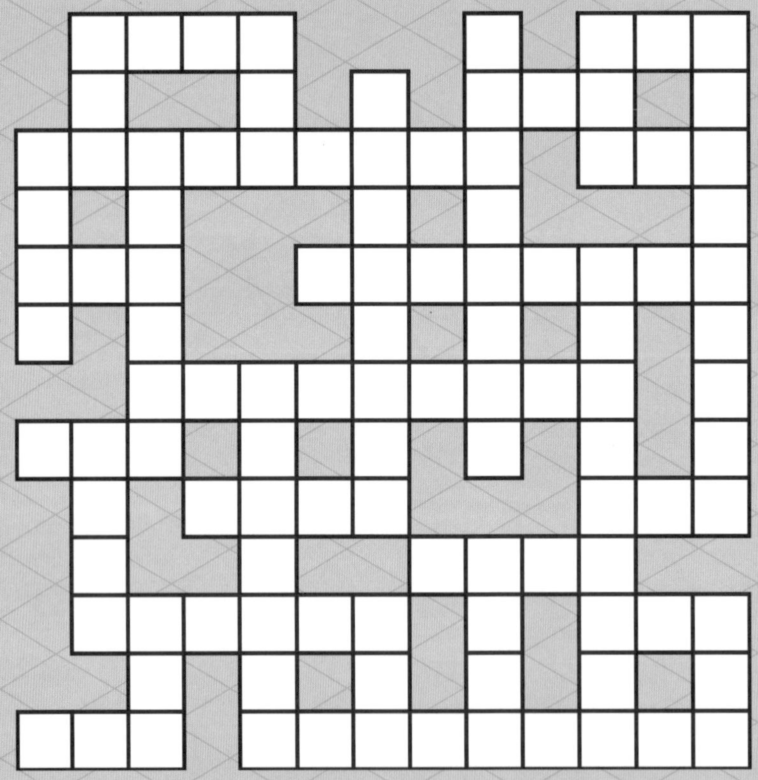

3자리 수
230
251
261
366
452
475
563
566
631
662
699
713
719
843

4자리 수
1870
3822
6748
6841
7908
8145

6자리 수
342655
821465

7자리 수
9780436

8자리 수
35464363
85156270
96936352

9자리 수
303952649
569429503
643654970
693039529
936135966

22

난이도★★★

서로 아는 세 남자, A, B, C와 당신은 함께 있다. 세 남자는 각각 항상 거짓을 말하거나 항상 진실을 말한다. 세 사람은 각각 당신에게 한 문장을 말한다. 누가 진실을 말하고 있을까?

당신은 A의 진술을 들을 수 없다.
B: "A는 본인이 거짓을 말한다고 말했다."
C: "B는 거짓을 말하고 있다."

정답 189쪽

23

난이도★★★

다음과 같이 바깥에 위치한 네 개의 원에 있는 기호를 안에 있는 원으로 전송하는 장치가 있다.

특정 위치에 한 번 나타날 경우에는 그대로 전송된다.
두 번 나타날 경우에는 그 위치에서 다른 기호가 전송되지 않으면 전송된다.
세 번 나타날 경우에는 그 위치에 한 번만 표시되는 기호가 없으면 전송된다.
네 번 나타날 경우에는 전송되지 않는다.

동일한 횟수의 기호가 경쟁하는 경우, 우선 순위가 높은 기호가 전송된다. 우선 순위는 상단좌측, 상단우측, 하단좌측, 하단우측의 순이다. 가운데 원에 전송된 모양은 무엇일까?

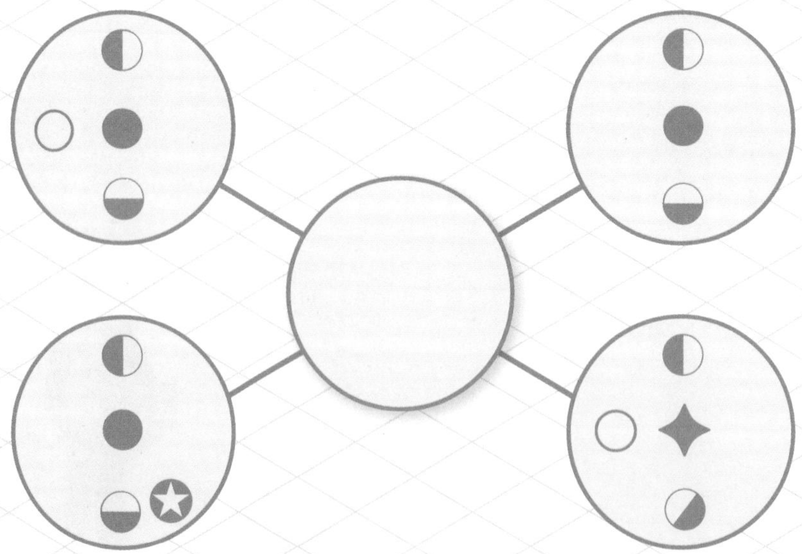

24

난이도 ★★☆

다음 원판에는 특정 논리에 따라 숫자가 적혀 있다. 물음표에 들어갈 알맞은 숫자는 무엇일까?

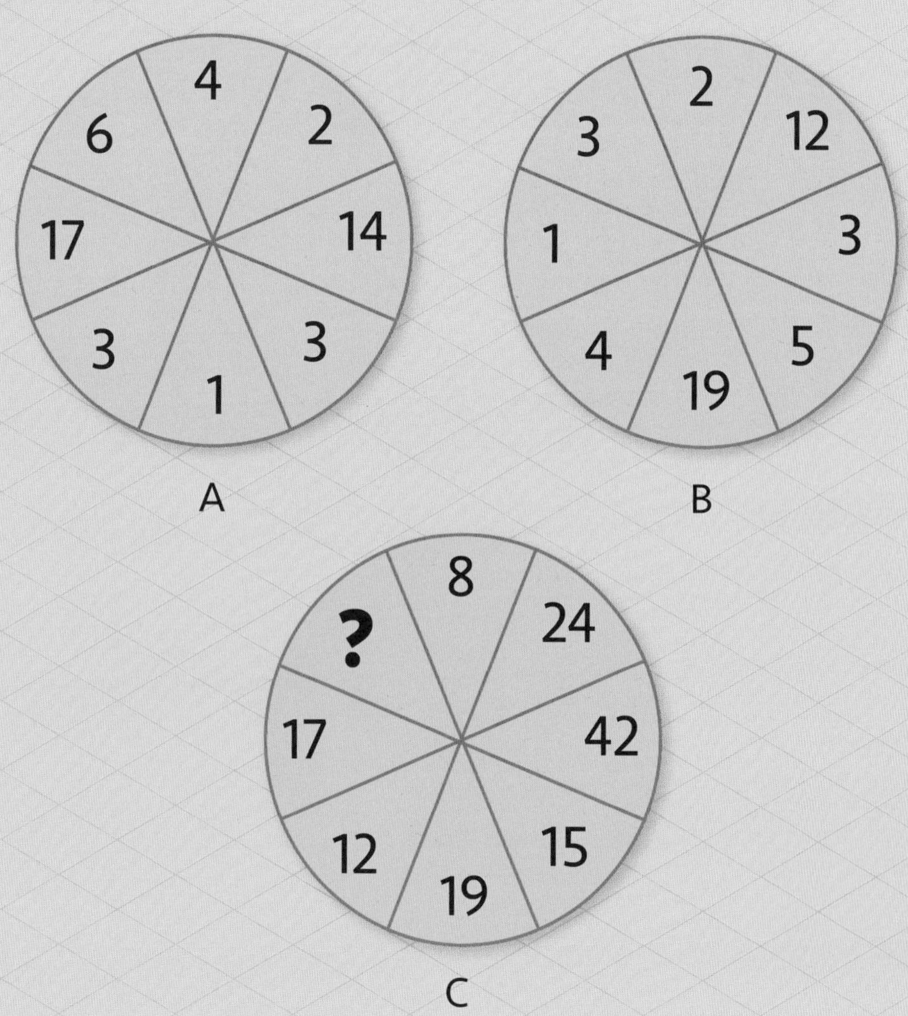

정답 189쪽

25

난이도★★★

다음 원판에는 특정 논리에 따라 숫자가 적혀 있다. 물음표에 들어갈 알맞은 숫자는 무엇일까?

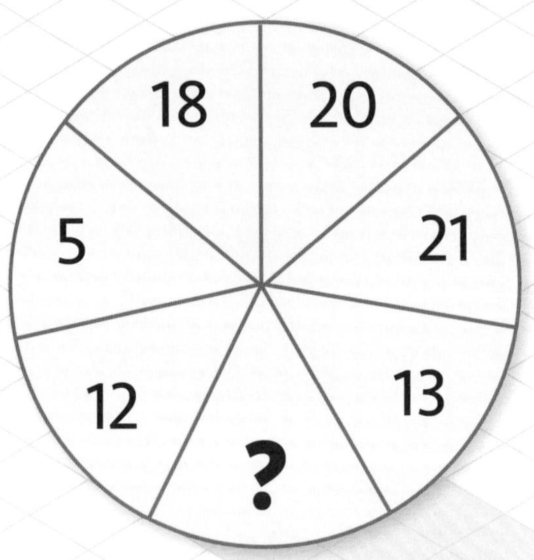

26

난이도★★★

다음 나눗셈 계산에서 각각의 기호는 서로 다른 숫자를 나타낸다. 이 계산은 어떤 수의 나눗셈일까?

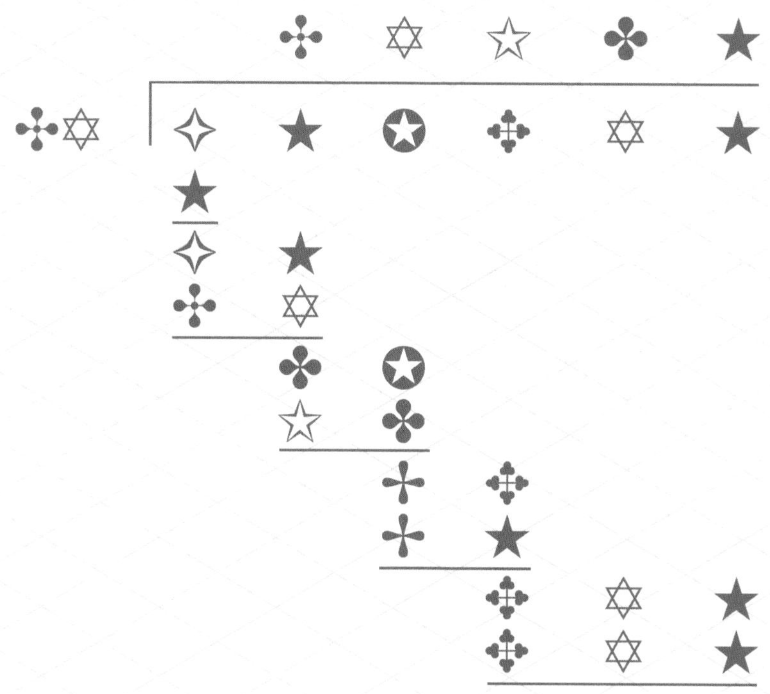

27

난이도 ★★★

당신은 특정 이론을 발견하고, 그 이론이 옳을 가능성에 대해 세 명의 과학자에게 각각 평가를 부탁한다. 세 과학자들은 서로 독립적으로 평가하며 서로 연락하지 않는다.

첫 번째 과학자는 당신이 옳을 가능성이 80%라고 말한다. 두 번째 과학자도 당신이 옳을 가능성이 80%라고 말한다. 마지막으로 세 번째 과학자도 당신이 옳을 가능성이 80%라고 말한다.

당신의 이론이 실제로 옳을 가능성은 얼마일까?

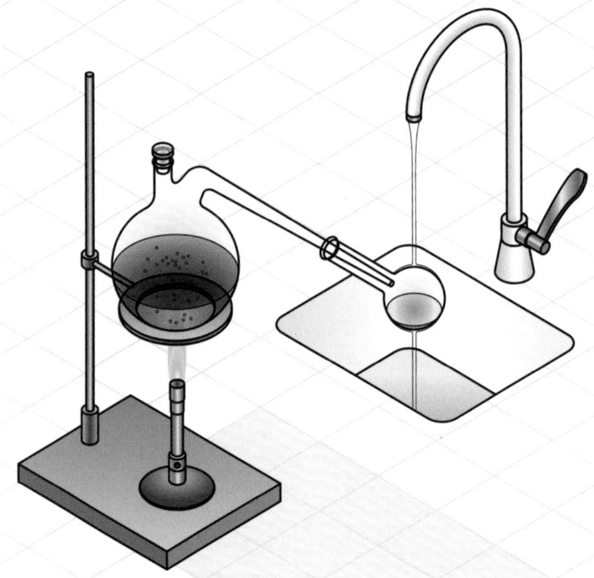

난이도★★★

아래의 그림과 가장 유사한 배치는 다음 중 어느 것일까?

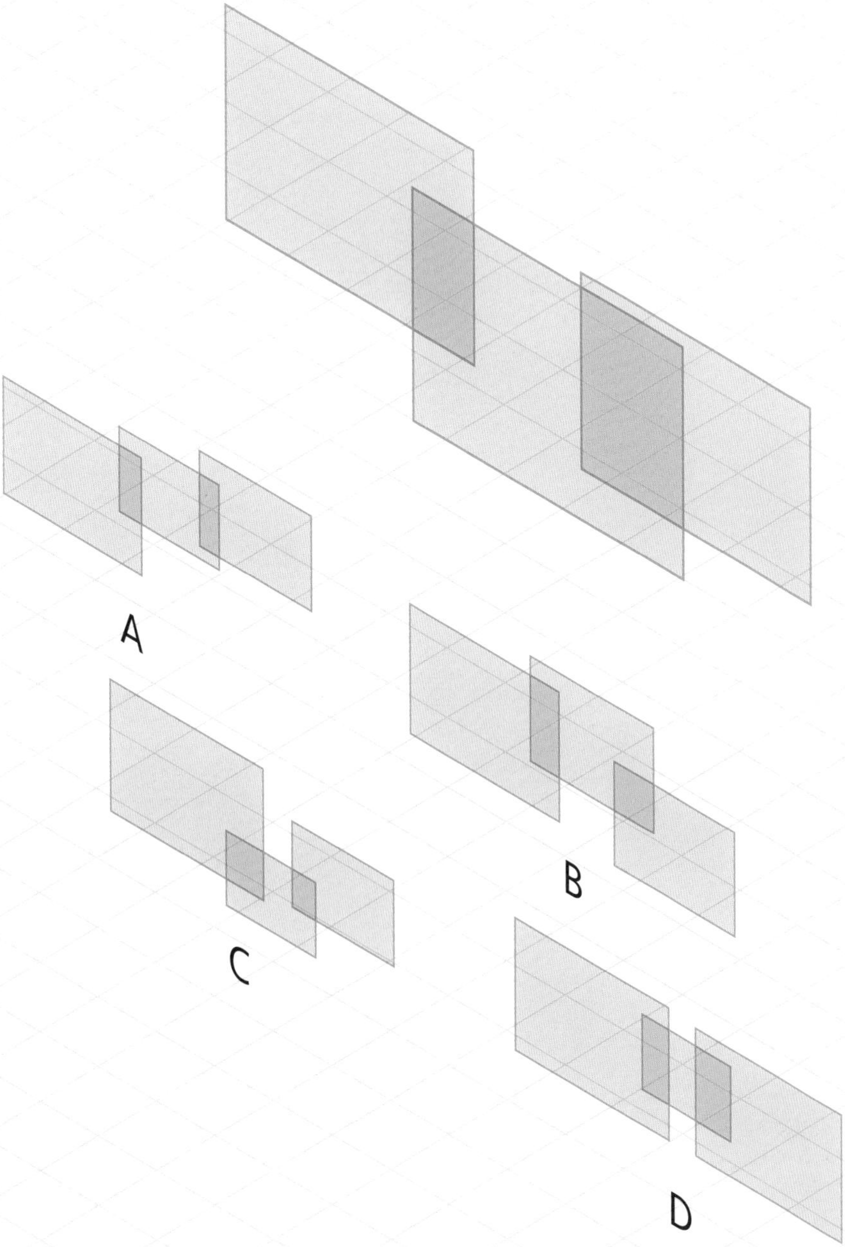

A

B

C

D

29

난이도★★★

다음 다이어그램은 특정 논리에 따르고 있다. 맨 위에 있는 삼각형에 들어갈 알맞은 기호는 무엇일까?

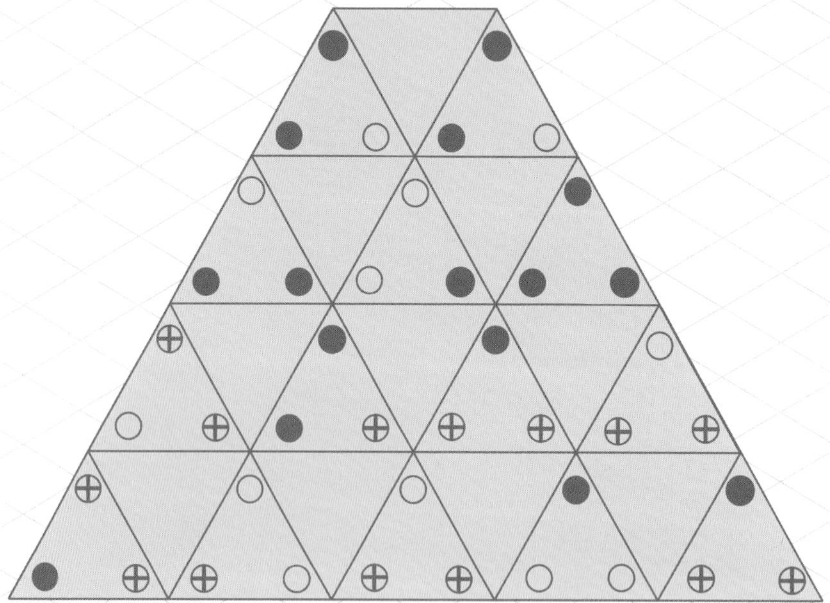

30

난이도★★★

종이봉투 A와 B에는 진주 또는 구슬이 1개만 들어 있다. 두 종이봉투에 진주가 들어 있을 확률은 1/2로 동일하다. 누군가 종이봉투 B에 진주를 하나 새로이 넣고 흔들고 난 뒤, 하나를 임의로 뽑았더니 진주가 나왔다. 종이봉투 B를 다시 봉인했다. 이제 종이봉투 A와 B 중에서 어떤 종이봉투에 진주가 들어 있을 확률이 더 클까?

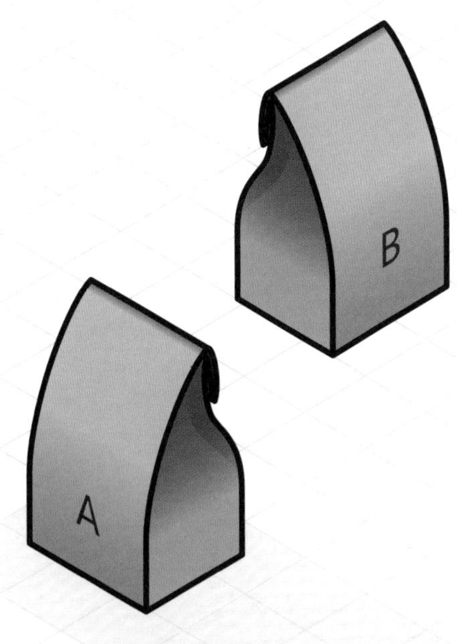

정답 190쪽

다음 사각형에는 특정 논리에 따라 문자와 숫자가 적혀 있다. 물음표에 들어갈 알맞은 숫자는 무엇일까?

32

난이도★★★

매우 넓고 얇은 종이 한 장을 생각해보자. 종이 두께는 0.10mm이다. 반으로 자르고 종이를 겹쳐놓고 또 반으로 자르고 겹쳐놓으면 종이 더미는 4장이 된다. 이런 식으로 여러 번 자를 수 있을 정도로 종이는 충분히 크고, 종이를 쌓아 올릴 수 있을 만큼 당신의 키가 충분히 크다고 하자. 50번 자른 후 종이 더미의 키는 얼마일까?

정답 190쪽

33

난이도 ★★★

다음 낱말판에서 'TROTTING'을 찾아보시오.
(단, 'TROTTING'은 한 번만 쓰여 있으며, 가로줄 또는 세로줄 또는 대각선으로 놓여 있다.)

T	O	T	T	R	N	G	T	T	G	R	G	T	T	T
T	T	T	I	I	I	G	O	I	T	T	T	T	O	T
T	N	G	G	I	T	G	N	T	N	R	G	G	O	T
N	O	T	G	O	O	N	O	I	T	G	O	R	G	T
T	T	I	O	T	N	T	T	T	T	O	T	O	T	I
R	R	G	T	T	G	R	O	I	G	T	T	T	T	R
T	O	T	I	N	I	O	T	T	N	I	O	R	T	G
T	T	O	N	T	T	N	O	G	R	R	T	R	R	G
G	G	T	I	I	G	T	N	G	I	G	O	N	T	G
R	G	O	T	T	T	I	O	R	N	T	T	T	O	G
R	N	R	O	T	R	N	T	I	T	T	O	R	G	T
T	I	R	N	N	T	G	T	T	G	G	N	I	G	T
G	R	G	O	T	G	T	O	O	O	N	T	T	T	T
T	T	O	N	R	T	N	R	T	N	T	R	G	O	O
O	T	I	T	T	T	N	I	N	T	R	N	O	T	N

34

난이도 ★★★

다음 격자판에는 특정 논리에 따라 문자가 적혀 있다. 물음표에 들어갈 알맞은 문자는 무엇일까?

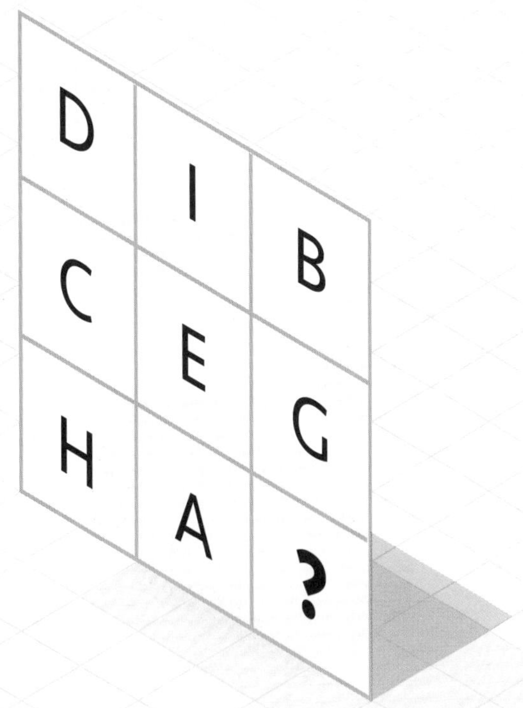

정답 190쪽

35

난이도★★★

다음 시계들은 특정 논리에 따르고 있다. 5번째 시계는 몇 시일까?

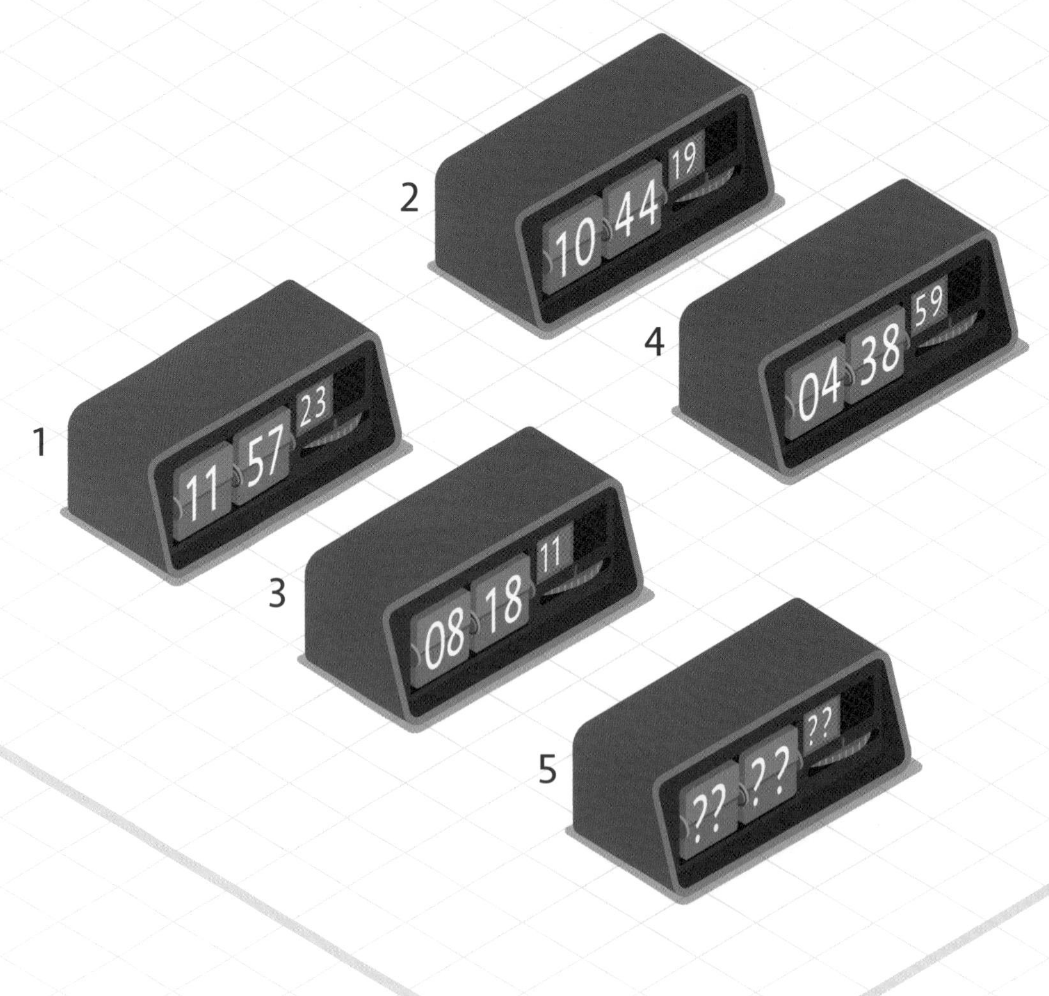

36

난이도 ★★★

사각형 내부에 있는 정삼각형의 변과 만나지 않으면서 사각형 내부에 정삼각형을 가장 크게 그리려면 어떻게 그려야 할까?

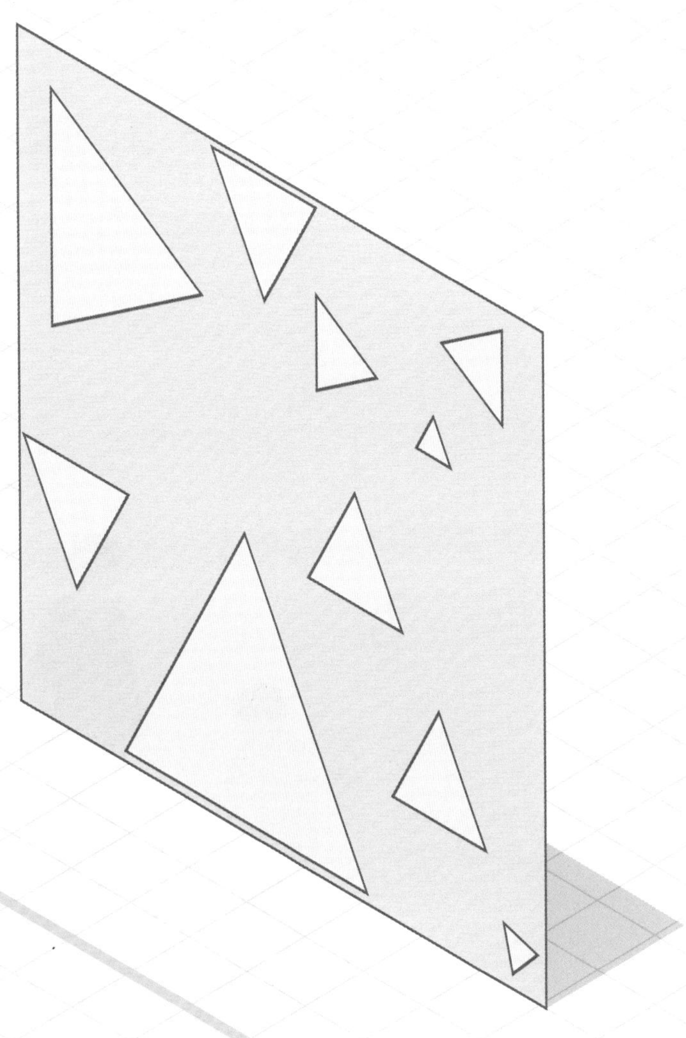

정답 190쪽

37

난이도★★★

세 명의 사기꾼이 강도 혐의로 기소되었다. 각각 진술하였고, 오직 한 명의 진술만 참이다. 이 세 명 중 누가 참을 말하고 있을까?

A: "B는 거짓을 말한다."
B: "C는 거짓을 말한다."
C: "A와 B는 둘 다 거짓을 말한다."

 | 정답 191쪽

다음 그림에서 A가 B와 짝이라면, C는 누구와 짝을 이룰까?

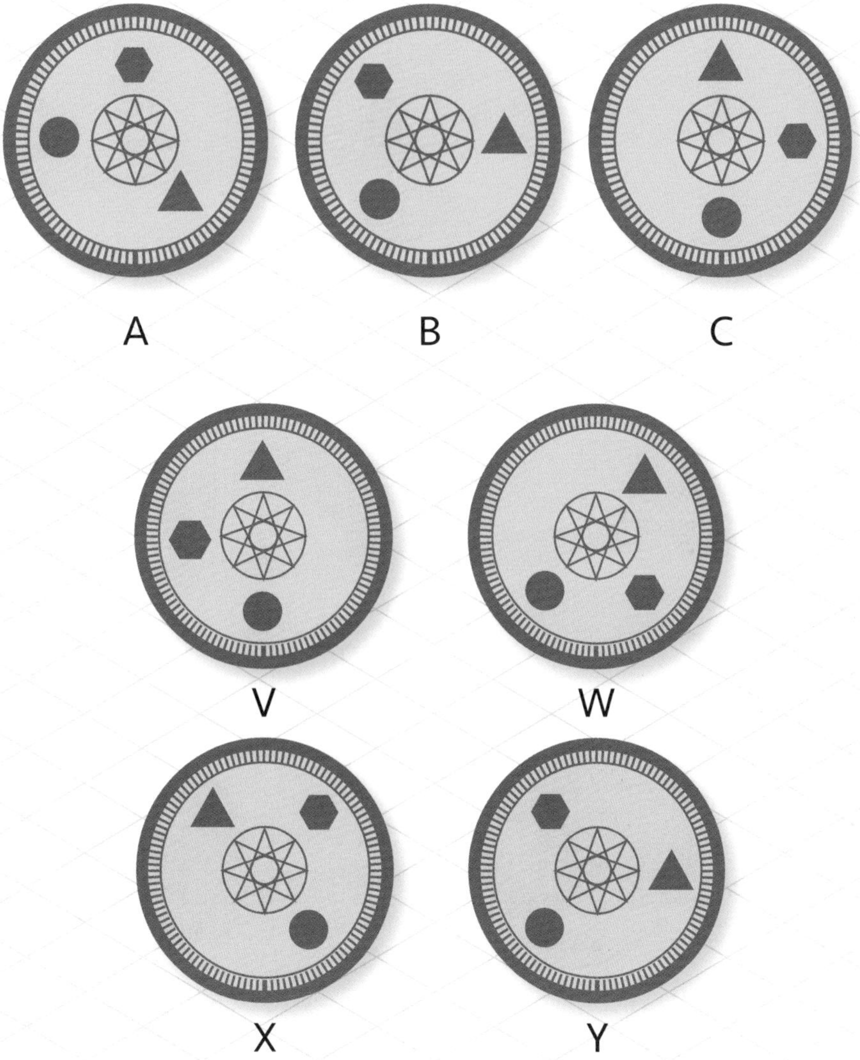

A B C

V W

X Y

정답 191쪽

39

난이도★★★

아래의 보기 그림들 중 하나에 원을 하나 추가할 때, 다음 그림처럼 원이 두 개인 조건을 만족시키는 것은 어느 것일까?

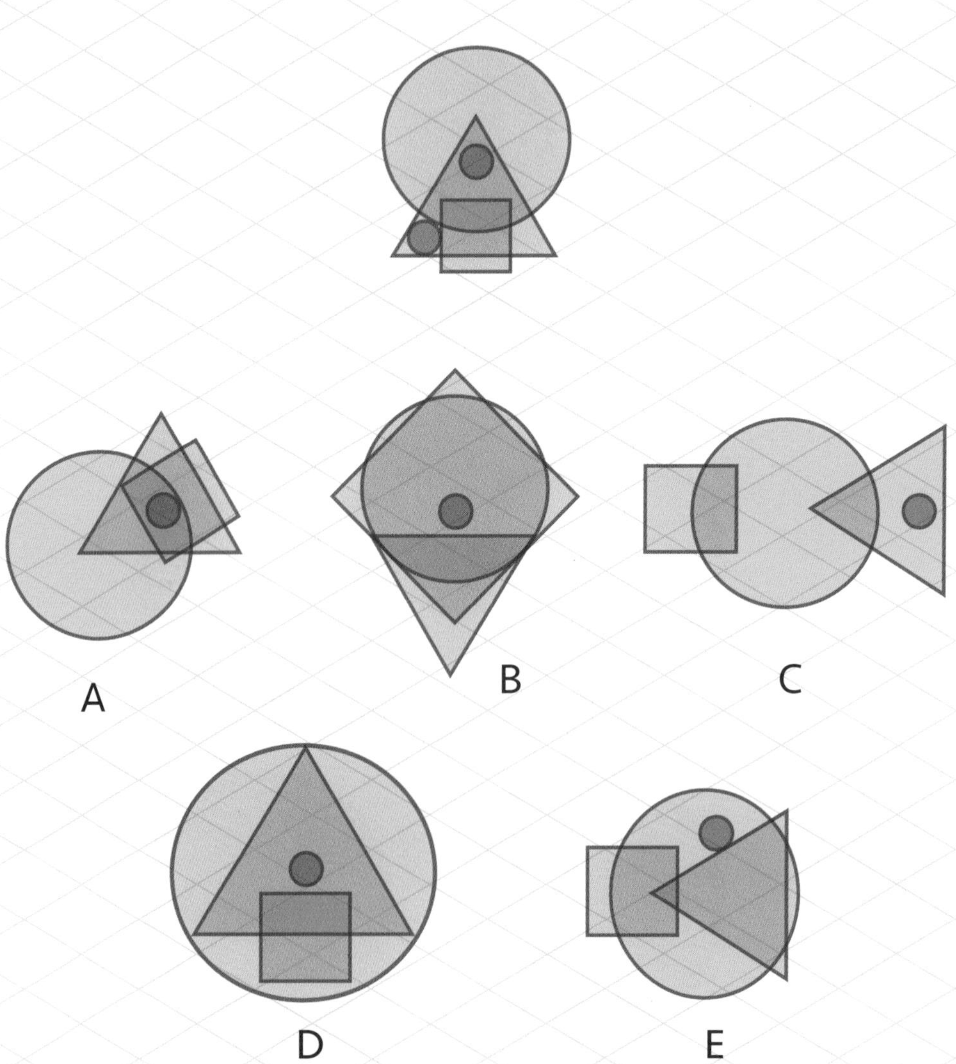

체스 클럽 멤버 60명 중에 32명은 여성이고, 45명은 성인이며, 44명은 안경을 썼다. 멤버들 중에 여성이고, 성인이며, 안경을 쓴 멤버는 최소 몇 명일까?

정답 191쪽

5명이 회의장에서 만난다. 수원에서 온 사람이 좋아하는 음식은 무엇일까?

1) 부산에서 온 사람은 체리를 좋아하고, 승환이도 미래도 아니다.
2) 김밥을 좋아하는 사람은 공학자이고, 전주에서 온 철수가 아니다.
3) 간호사는 영희도 혜린이도 아니다.
4) 교사는 치킨을 좋아한다.
5) 대전에서 온 사람은 초콜릿을 좋아하지 않는다.
6) 대구에서 온 영희는 공학자가 아니다.
7) 미래는 의사이고, 수원에서 오지 않았다.
8) 한 명은 농부이고, 한 명은 빵을 좋아한다.
(단, 5명은 직업도, 좋아하는 음식도 모두 다르다.)

		D					C					B					A				
		농부	의사	교사	간호사	공학자	영희	혜린	철수	승환	미래	빵	초콜릿	치킨	김밥	체리	수원	대구	대전	전주	부산
A	부산																				
	전주																				
	대전																				
	대구																				
	수원																				
B	체리																				
	김밥																				
	치킨																				
	초콜릿																				
	빵																				
C	미래																				
	승환																				
	철수																				
	혜린																				
	영희																				
D	공학자																				
	간호사																				
	교사																				
	의사																				
	농부																				

다음 블록 판은 특정 논리에 따르고 있다. 비어 있는 나머지 한 개의 블록은 어떤 모양일까?

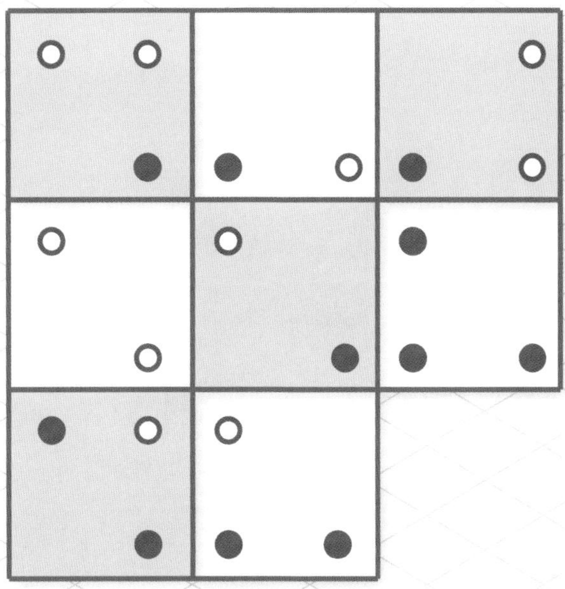

정답 193쪽

43

난이도 ★★★

다음 격자판에는 특정 논리에 따라 숫자가 적혀 있다. 물음표에 들어갈 알맞은 숫자는 무엇일까?

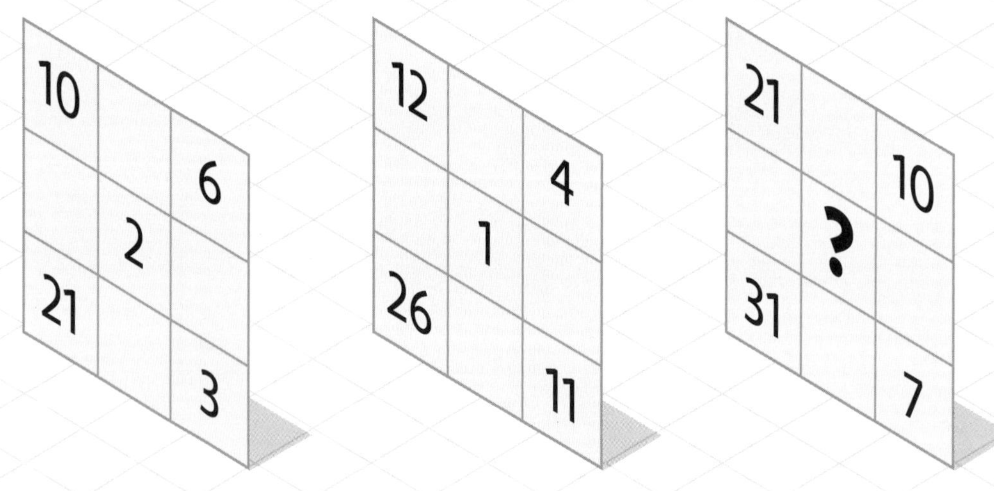

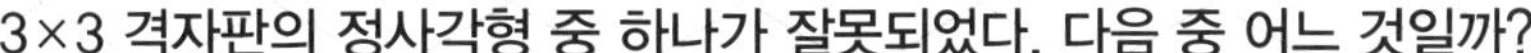
3×3 격자판의 정사각형 중 하나가 잘못되었다. 다음 중 어느 것일까?

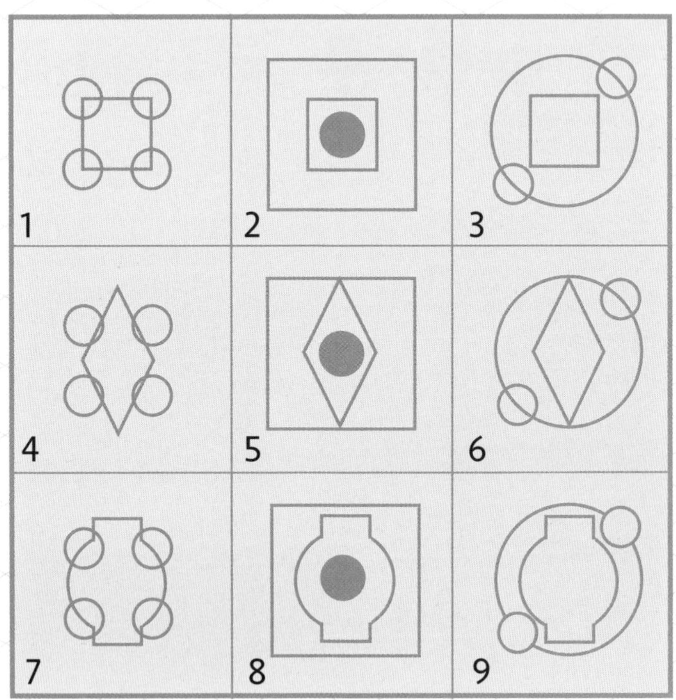

45

난이도 ★★★

다음 숫자들의 위치를 재배열하여 등식을 완성하시오.

(단, 다른 수학 연산 기호는 추가하지 않는다.)

$$4 \quad 2 \quad 6 \quad = \quad 1$$

다음 격자판의 각 도형에는 일정한 값이 있다. 물음표에 들어갈 알맞은 숫자는 무엇일까?

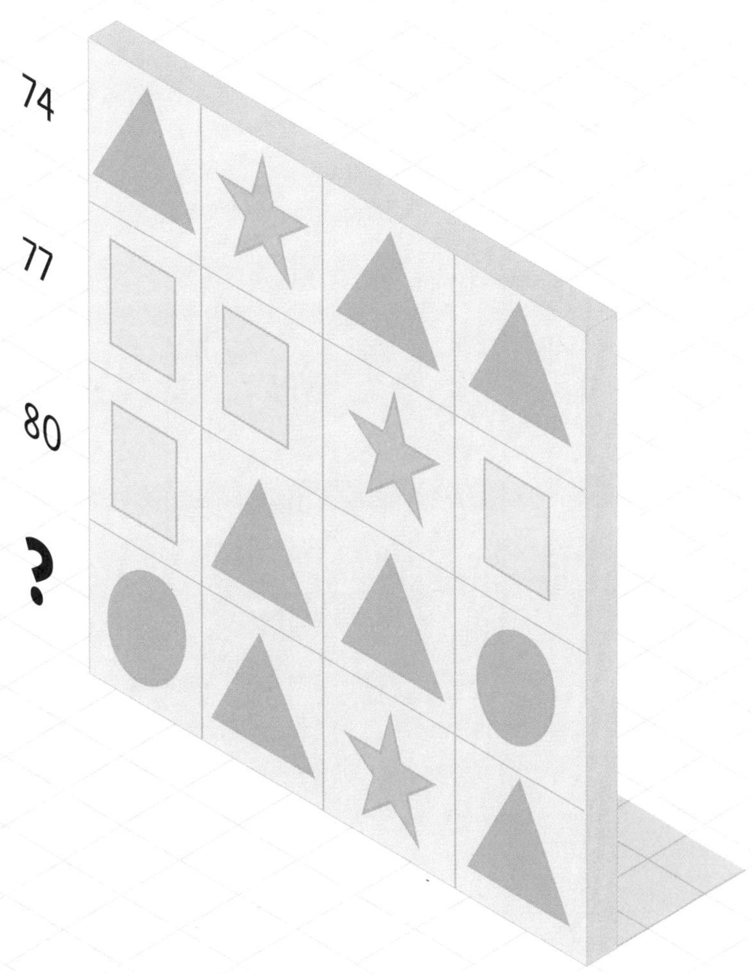

다음 격자판의 각 사각형은 상(U), 하(D), 좌(L), 우(R)로의 이동 명령이다. 예를 들어 3R은 오른쪽으로 3칸 이동, 4UL은 위로 4칸 이동하고 왼쪽으로 4칸(즉 대각선 왼쪽 위로 4칸) 이동 명령이다. 격자판의 모든 사각형을 정확히 한 번씩 거쳐 F가 적힌 사각형에 도달하기 위해서는 어느 사각형에서 시작해야 할까?

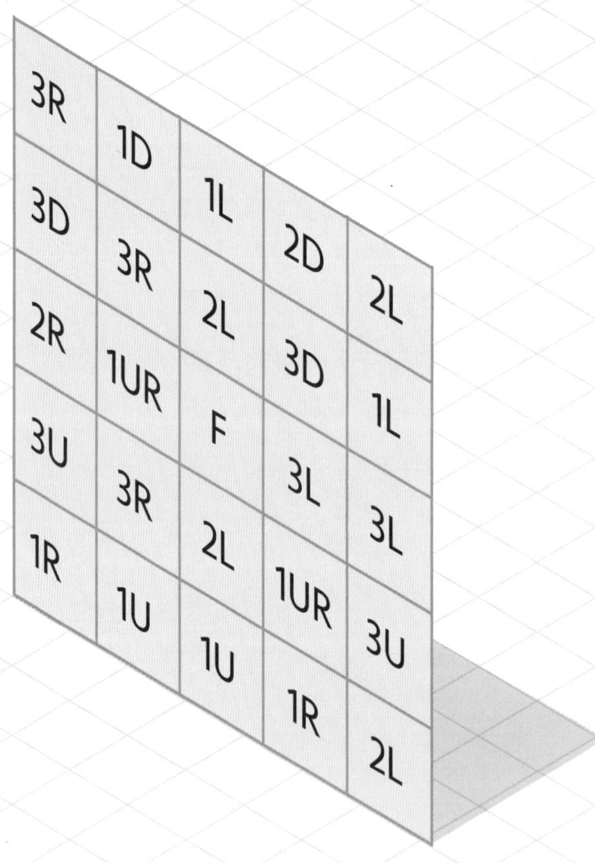

48

난이도 ★★★

다음 시계들은 일정한 규칙에 따르고 있다. 4번째 시계의 시침은 어디를 가리킬까?

정답 193쪽

49

난이도★

다음 중 다른 것은 어느 것일까?

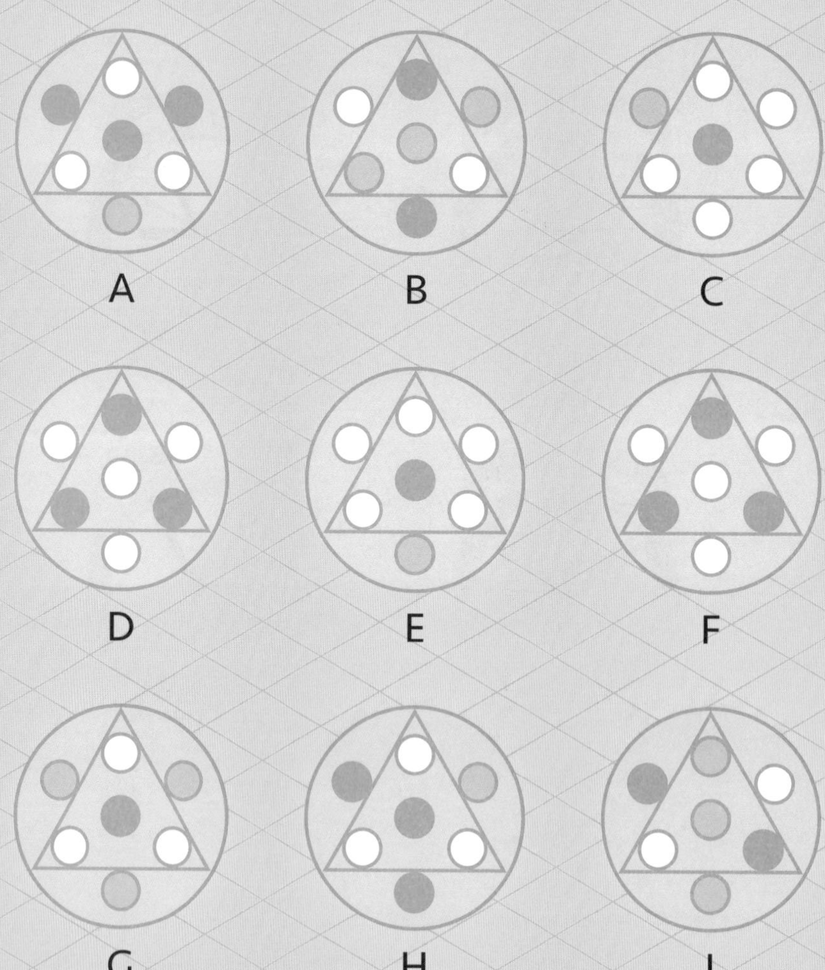

다음 수들은 특정 논리에 따르고 있다. 물음표에 들어갈 알맞은 수는 무엇일까?

정답 194쪽

한 쪽 구석의 어느 한 수에서 시작해 길을 따라 가며 얻은 5개의 수를 모두 더할 때, 만들 수 있는 가장 큰 수는 얼마일까?

(단, 되돌아갈 수 없으며, 시작한 위치의 수를 포함한다.)

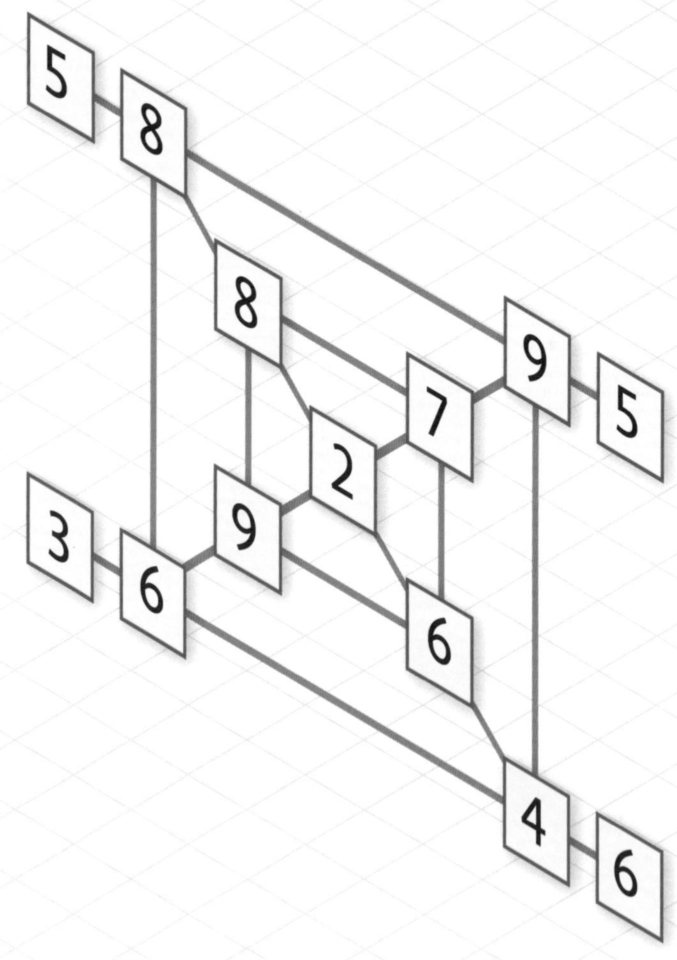

52

난이도★★★

다음 그림은 특정 논리에 따르고 있다. 물음표에 들어갈 알맞은 숫자는 무엇일까?

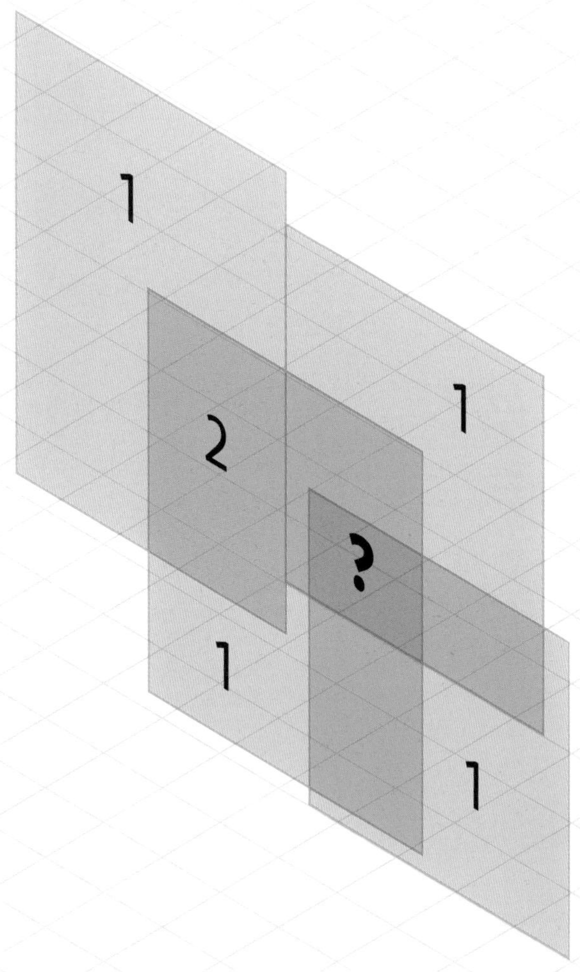

정답 194쪽

53

난이도★★★

다음 다섯 조각 중 네 조각을 이용해 정다각형을 만들 수 있다. 남는 하나는 어느 것일까?

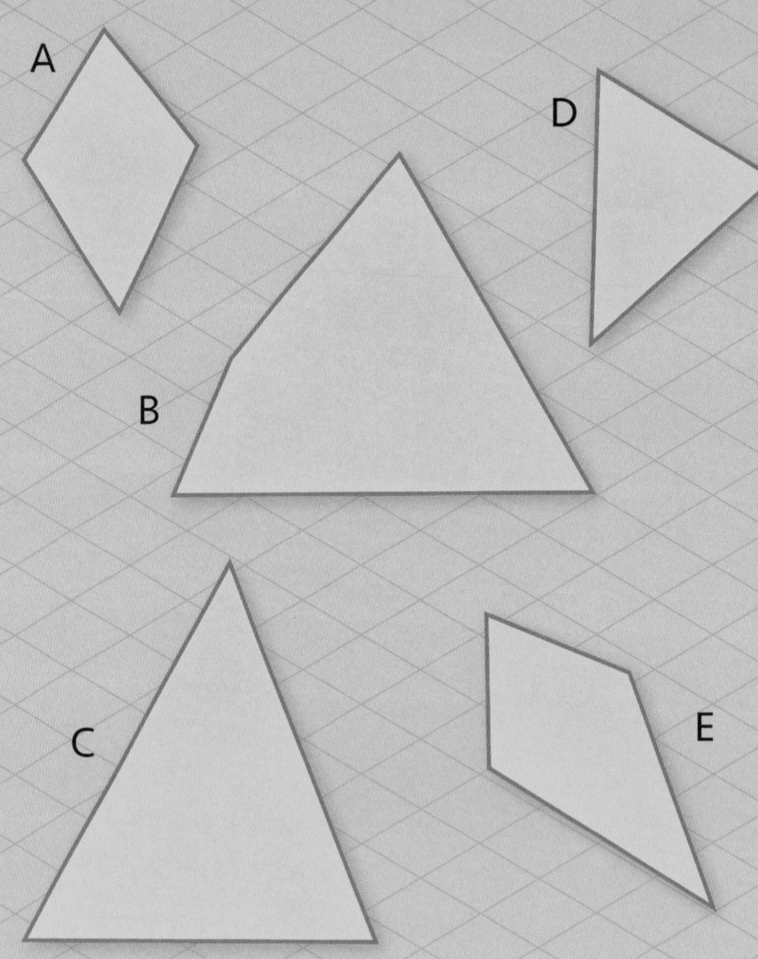

54

난이도★★★

4개의 구간으로 이루어진 달리기 대회가 열렸다. 각 구간의 거리와 상위 5명의 참가자의 평균 속도(m/s)가 다음 표와 같을 때, 누가 이겼을까? 또 그 기록은 얼마일까?

(단, 계산기를 활용하세요.)

	구간	A–B	B–C	C–D	D–E
참가자	거리	4.5km	2.7km	3.3km	1.3km
V		4.4	3.3	4.8	5.1
W		4.7	2.9	4.4	5.0
X		4.1	3.7	4.3	5.1
Y		4.6	3.3	4.9	5.2
Z		4.5	3.4	4.6	5.1

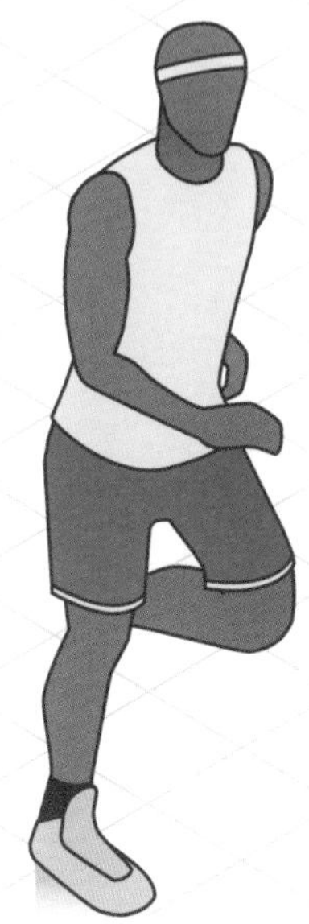

정답 194쪽

다음 등식이 성립하도록 수학 연산 기호 +, − 를 넣으시오.

A 12 ◯ 17 ◯ 9 ◯ 6 ◯ 14 = 12

B 26 ◯ 10 ◯ 4 ◯ 17 ◯ 11 = 14

C 17 ◯ 15 ◯ 9 ◯ 8 ◯ 13 = 16

다음 시소가 균형을 이루고 있다. 물음표에 알맞은 추의 무게는 얼마일까?

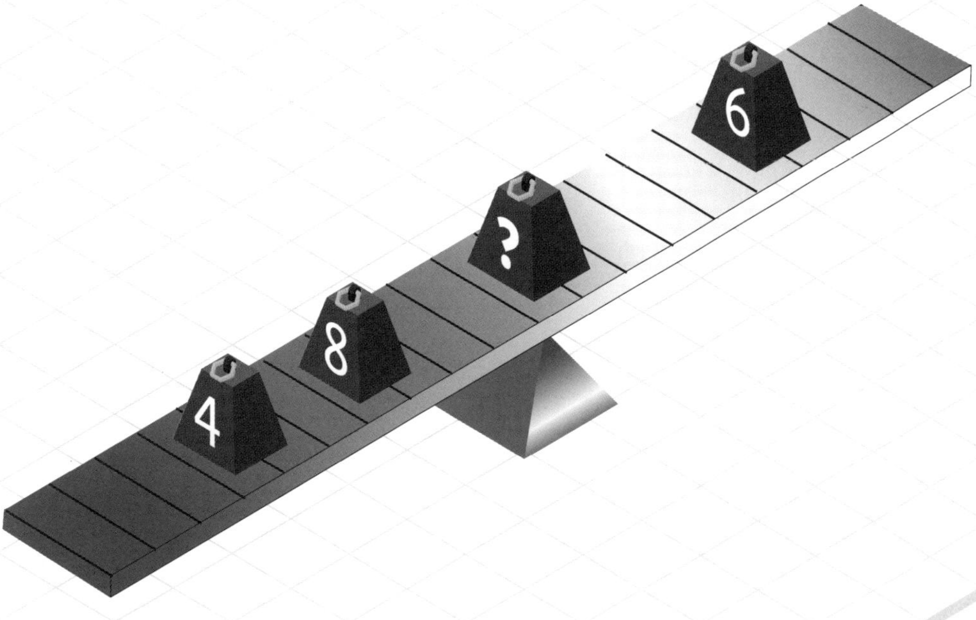

정답 194쪽

2개의 성냥개비를 움직여 정사각형 4개를 만들 수 있다. 그 방법은 무엇일까?

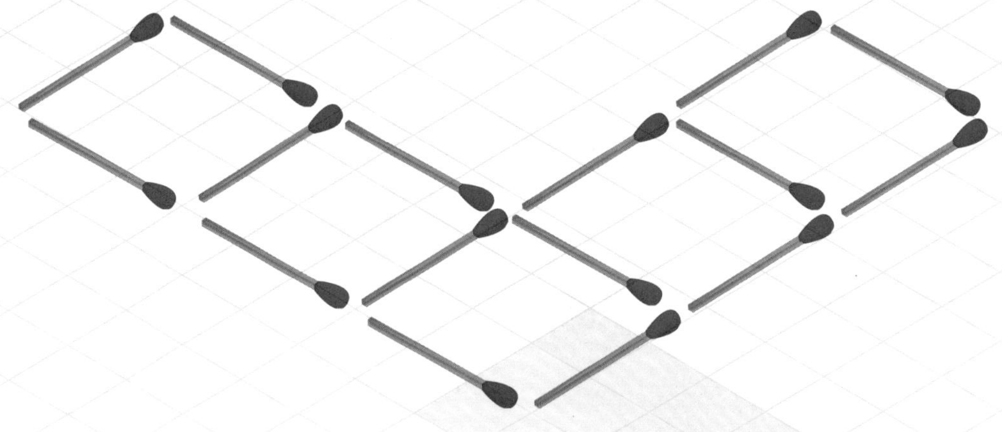

정답 194쪽

58

난이도 ★★★

아래 연속된 세 개의 그림 다음에 올 수 있는 것은 다음 중 어느 것일까?

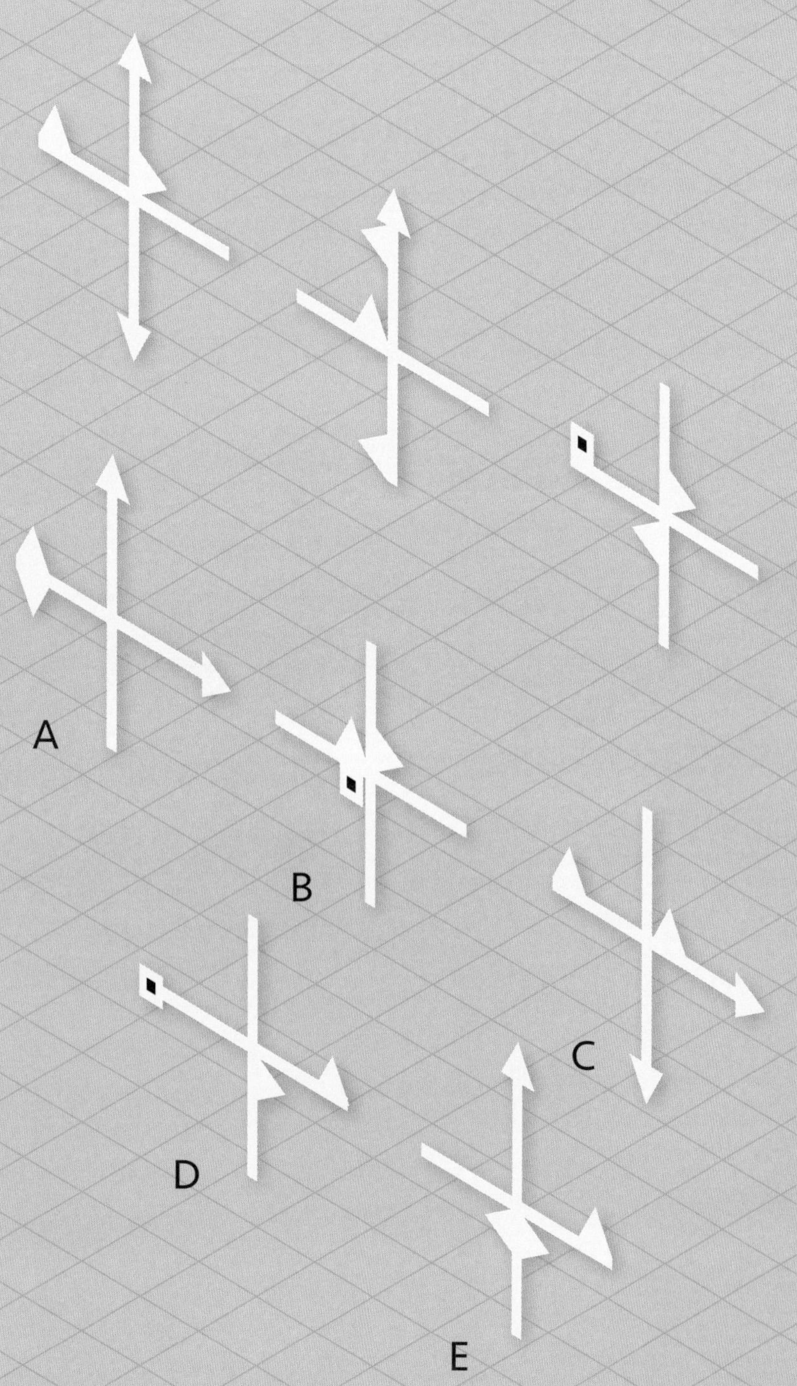

59

난이도★★★

다음 원판에는 특정 논리에 따라 숫자가 적혀 있다. 물음표에 들어갈 알맞은 숫자는 무엇일까?

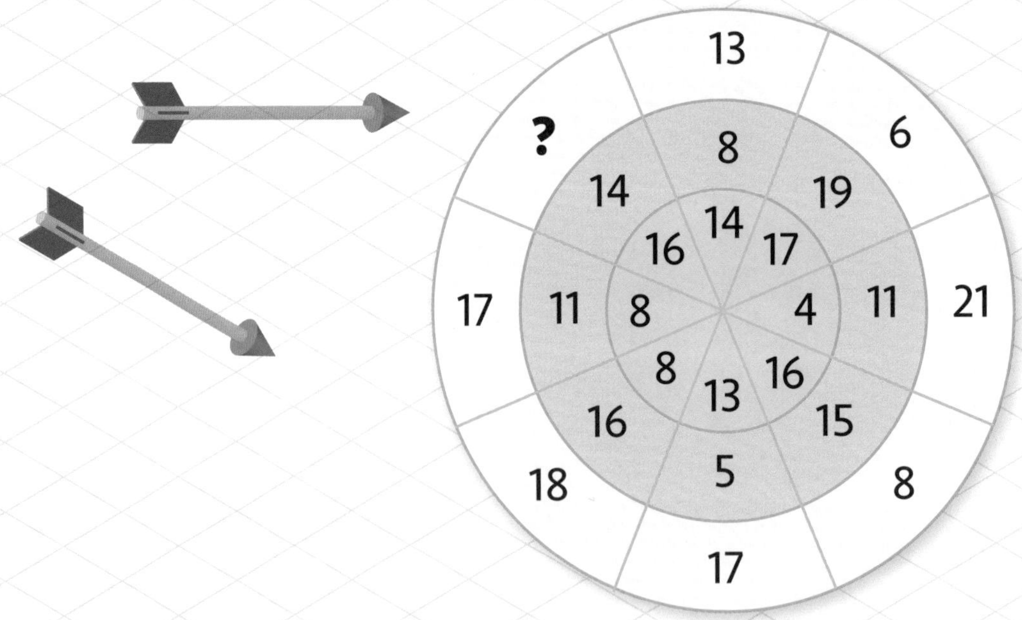

다음 삼각형에는 특정 논리에 따라 숫자가 적혀 있다. 물음표에 들어갈 알맞은 숫자는 무엇일까?

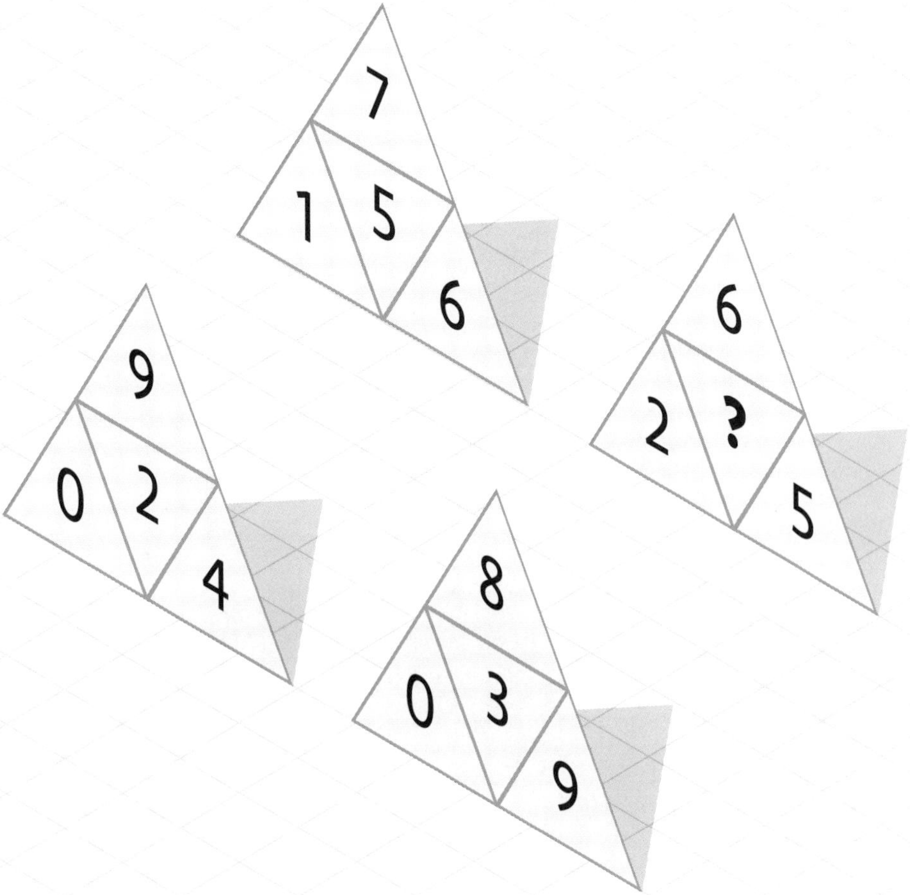

다음 격자판의 각 사각형은 상(U), 하(D), 좌(L), 우(R)로의 이동 명령이다. 예를 들어 3R은 오른쪽으로 3칸 이동, 4UL은 위로 4칸 이동하고 왼쪽으로 4칸(즉 대각선 왼쪽 위로 4칸) 이동 명령이다. 격자판의 모든 사각형을 정확히 한 번씩 거쳐 F가 적힌 사각형에 도달하기 위해서는 어느 사각형에서 시작해야 할까?

3D	1R	1DR	2D	4DL	5L	1DL
4R	5DR	5D	3D	1UL	1U	3D
1UR	3DR	2R	2DR	2R	4L	1U
2DR	3U	1U	F	2R	2L	3U
2R	1D	1L	2D	4U	1L	1DL
4U	2U	4R	1DR	2U	2L	4UL
4U	1UL	3UR	3L	3L	4U	1L

다음 원판에는 특정 논리에 따라 문자가 적혀 있다. 물음표에 들어갈 알맞은 문자는 무엇일까?

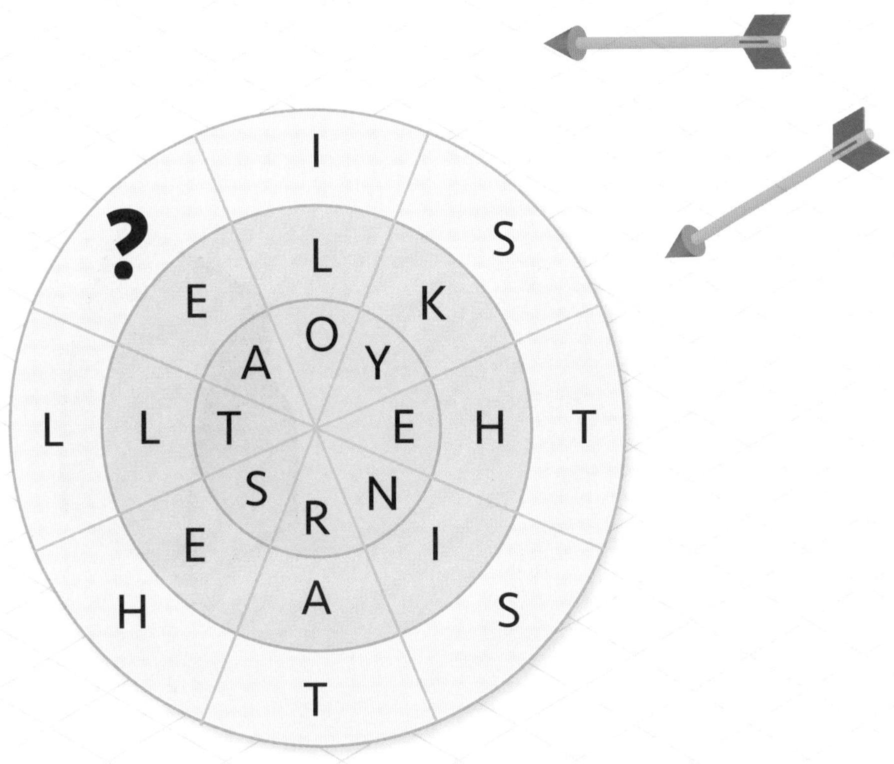

종이봉투에 바둑돌이 4개 들어 있다. 바둑돌 하나는 흰색이고, 나머지 3개는 동일한 확률로 각각 흰색 또는 검정색이다. 이 종이봉투에서 임의로 바둑돌을 두 개 꺼냈더니, 두 개 모두 흰색이다. 바둑돌이 2개 남아 있는 종이봉투에서 바둑돌 1개를 꺼낼 때, 흰색일 확률은 얼마일까?

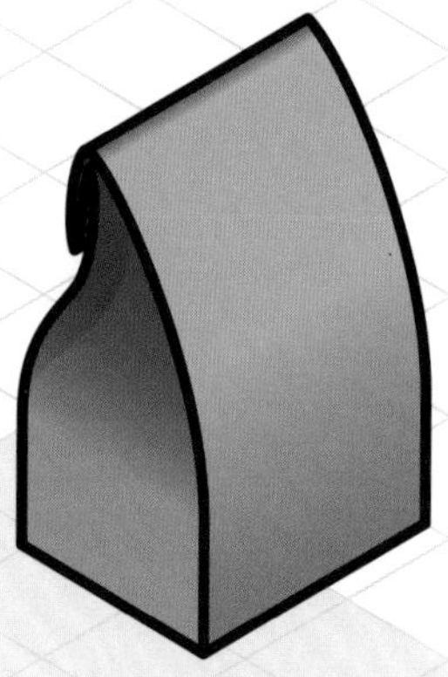

 | 정답 194쪽

다음 시소가 균형을 이루고 있다. 물음표에 알맞은 추의 무게는 얼마일까?

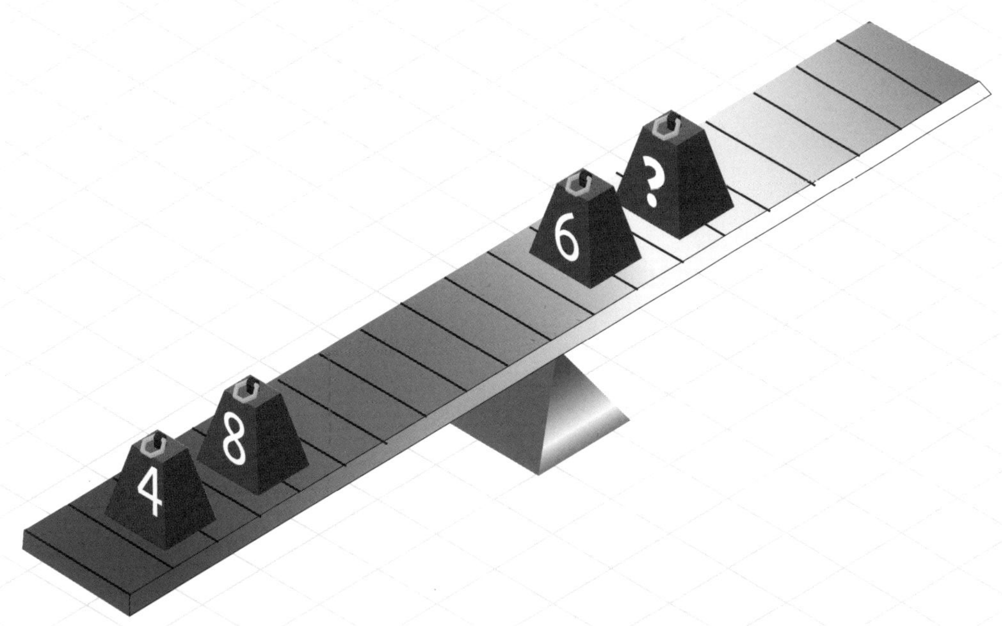

정답 195쪽

65

난이도★★★

아래 28개의 타일을 이용하여 다음과 같은 숫자판을 완성하시오.

1	0	5	3	1	6	5	5
2	4	2	2	2	6	0	2
6	1	1	6	4	1	6	2
0	1	5	4	3	2	5	0
4	5	1	4	5	3	3	0
3	6	1	4	6	4	2	3
3	6	0	5	0	4	0	3

00

01 11

02 12 22

03 13 23 33

04 14 24 34 44

05 15 25 35 45 55

06 16 26 36 46 56 66

다음 다이어그램은 특정 논리에 따르고 있다. 맨 위에 있는 삼각형에 들어갈 알맞은 기호는 무엇일까?

난이도★★★

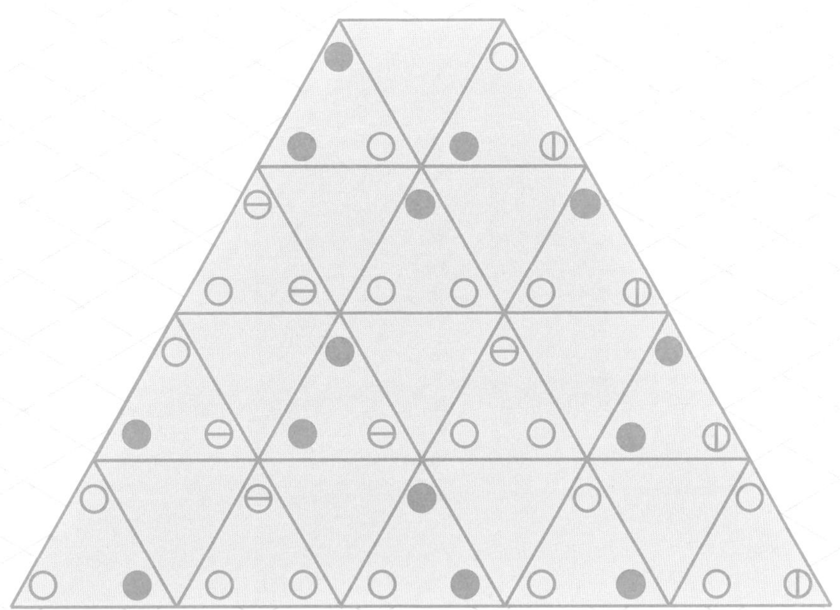

다음 격자판에는 특정 논리에 따라 문자가 적혀 있다. 물음표에 들어갈 알맞은 문자는 무엇일까?

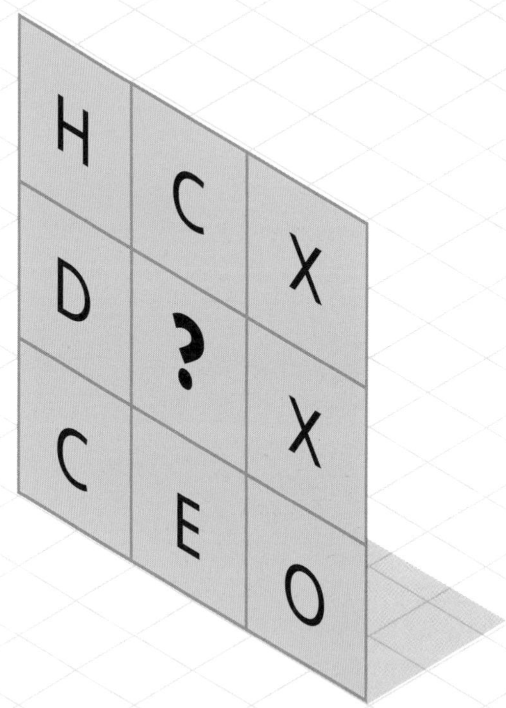

다음 격자판은 특정 패턴에 따르고 있다. 격자판의 빈 부분을 채워보시오.

다음 수들은 특정 논리에 따르고 있다. 물음표에 들어갈 알맞은 수는 무엇일까?

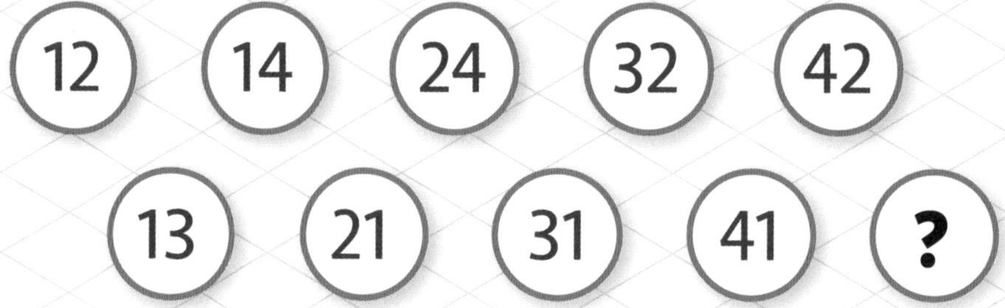

70

난이도★★★

집에서 우체국까지 5m/s의 속도로 뛰어 갔다. 어떤 속도로 되돌아오면 전체 평균 속도가 10m/s가 될까?

정답 195쪽

71

난이도★★★

각기 다른 두 가지 알약을 하루에 하나씩 먹는다. 알약은 병에 들어 있고, 두 가지 알약은 모양이 똑같아서 구별되지 않는다. 어느 날 A병에서 알약을 하나 꺼내고, B병에서 알약을 두 개 꺼냈다. 하지만 어느 알약을 어디에서 꺼냈는지 잊어버렸다. 이 세 알약을 버리지 않고 약을 올바르게 복용할 수 있는 방법은 무엇일까?

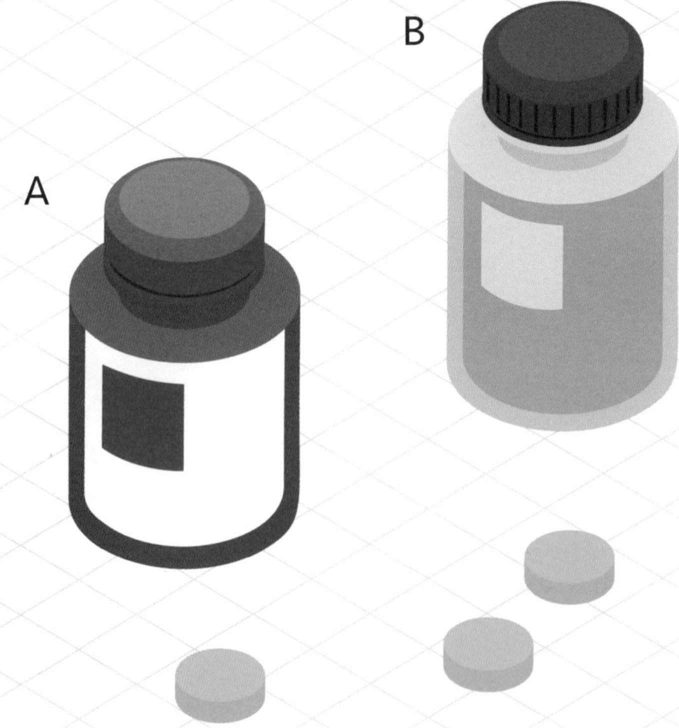

 정답 195쪽

72

난이도★★★

아래의 타일은 5×5 격자판에서 가져온 것이다. 이 타일들을 정확하게 재조립한다면 가로줄과 세로줄의 다섯 자리 수의 배치는 같다. 이 타일들을 이용하여 5×5 격자판을 완성하시오.

2	8	5

6	1	9

7

4
1
1

6
2
1

4
2

8
6

8	3

9	6

1	5

4	8

73

난이도★★★

다음 중 다른 것은 어느 것일까?

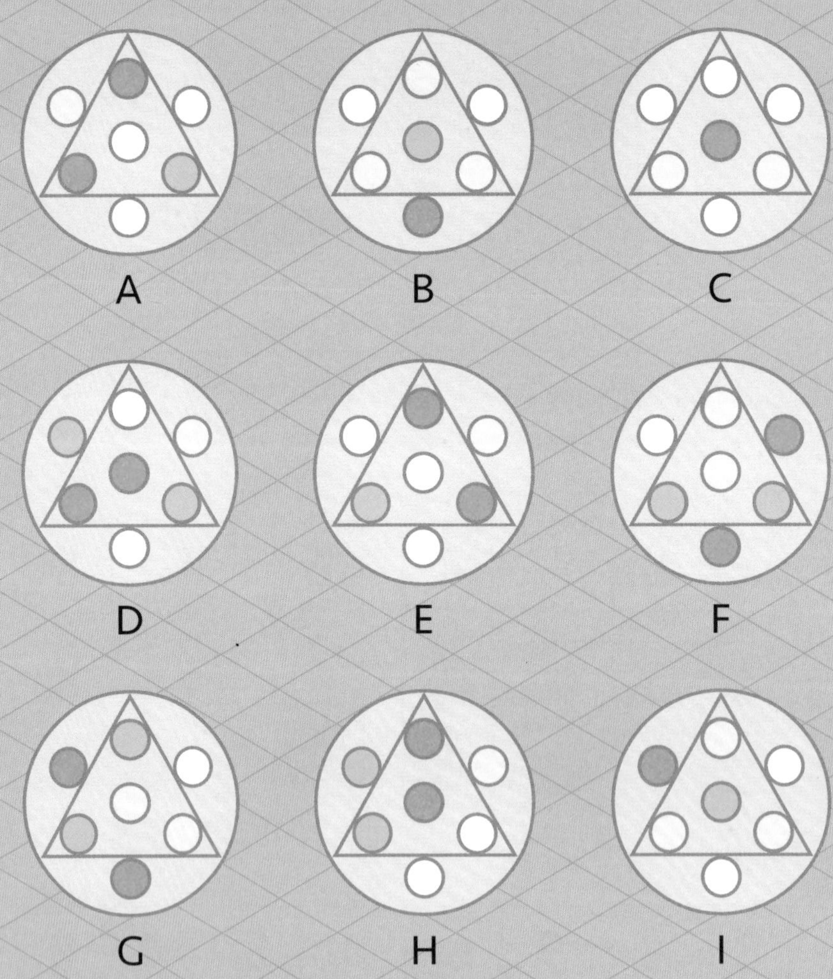

74

난이도★★★

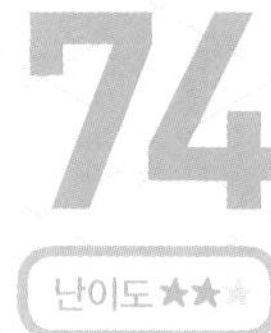

다음 그림에서 A가 B와 짝이라면, C는 누구와 짝을 이룰까?

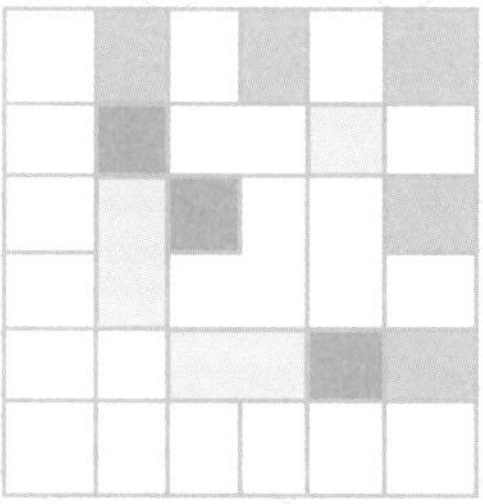

A

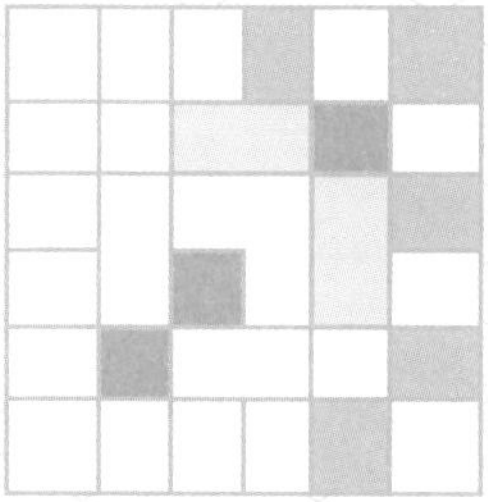

B

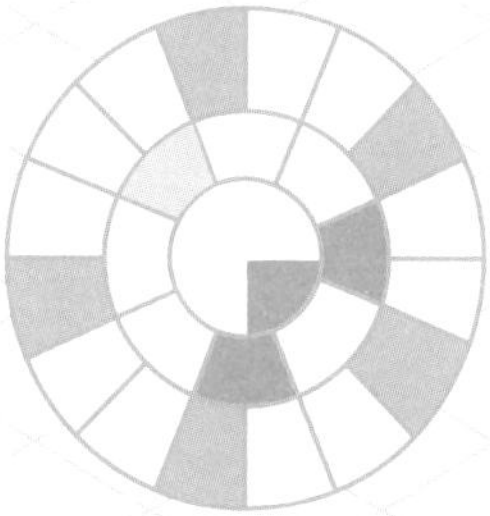

C

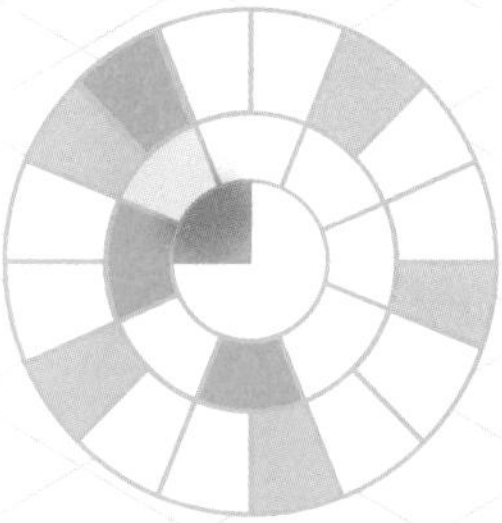

V

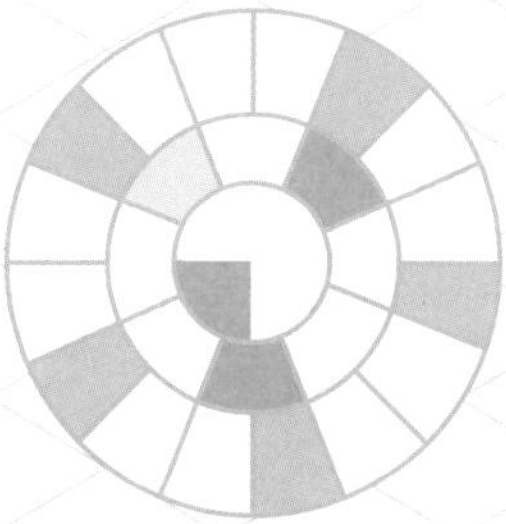

W

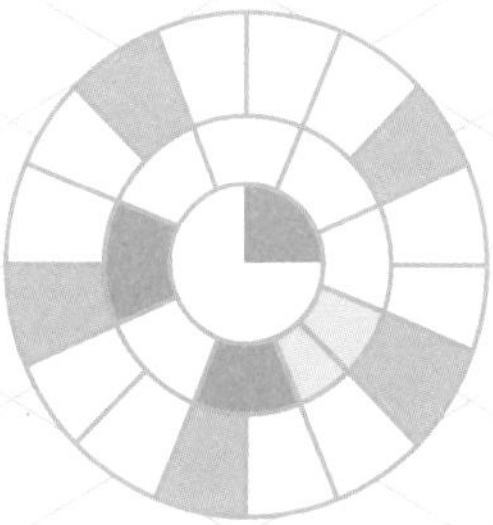

X

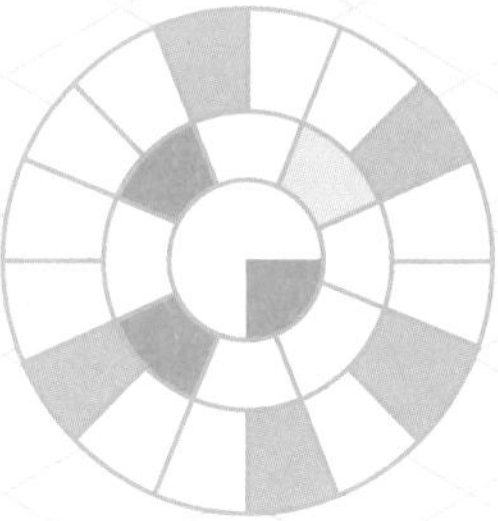

Y

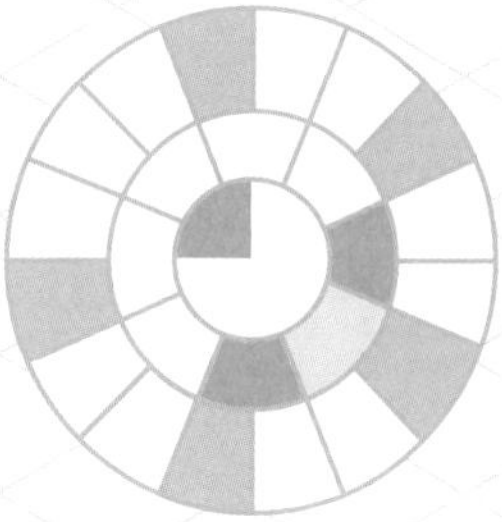

Z

3×3 격자판의 정사각형 중 하나가 잘못되었다. 다음 중 어느 것일까?

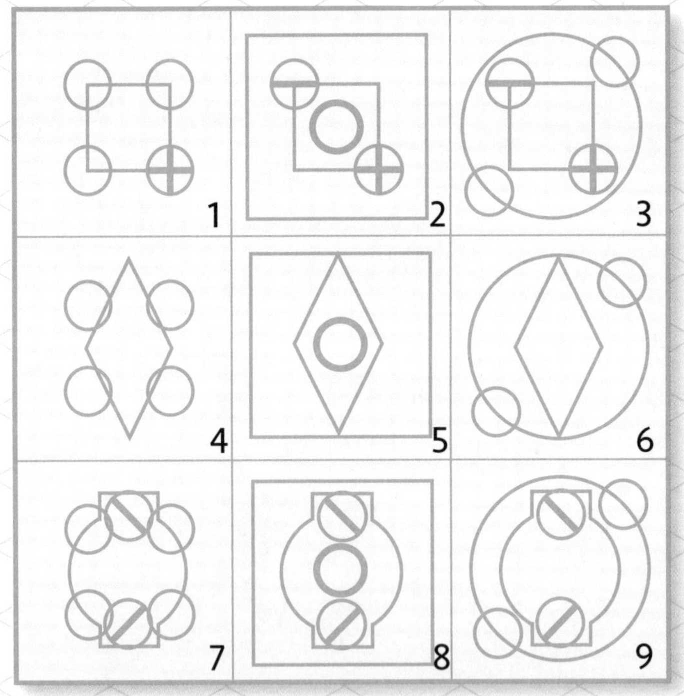

76

난이도★★★

다음 수열에서 물음표에 들어갈 알맞은 숫자는 무엇일까?

정답 196쪽

77

난이도 ★★★

아래의 보기 그림들 중 하나에 원을 하나 추가할 때, 다음 그림처럼 원이 두 개인 조건을 만족시키는 것은 어느 것일까?

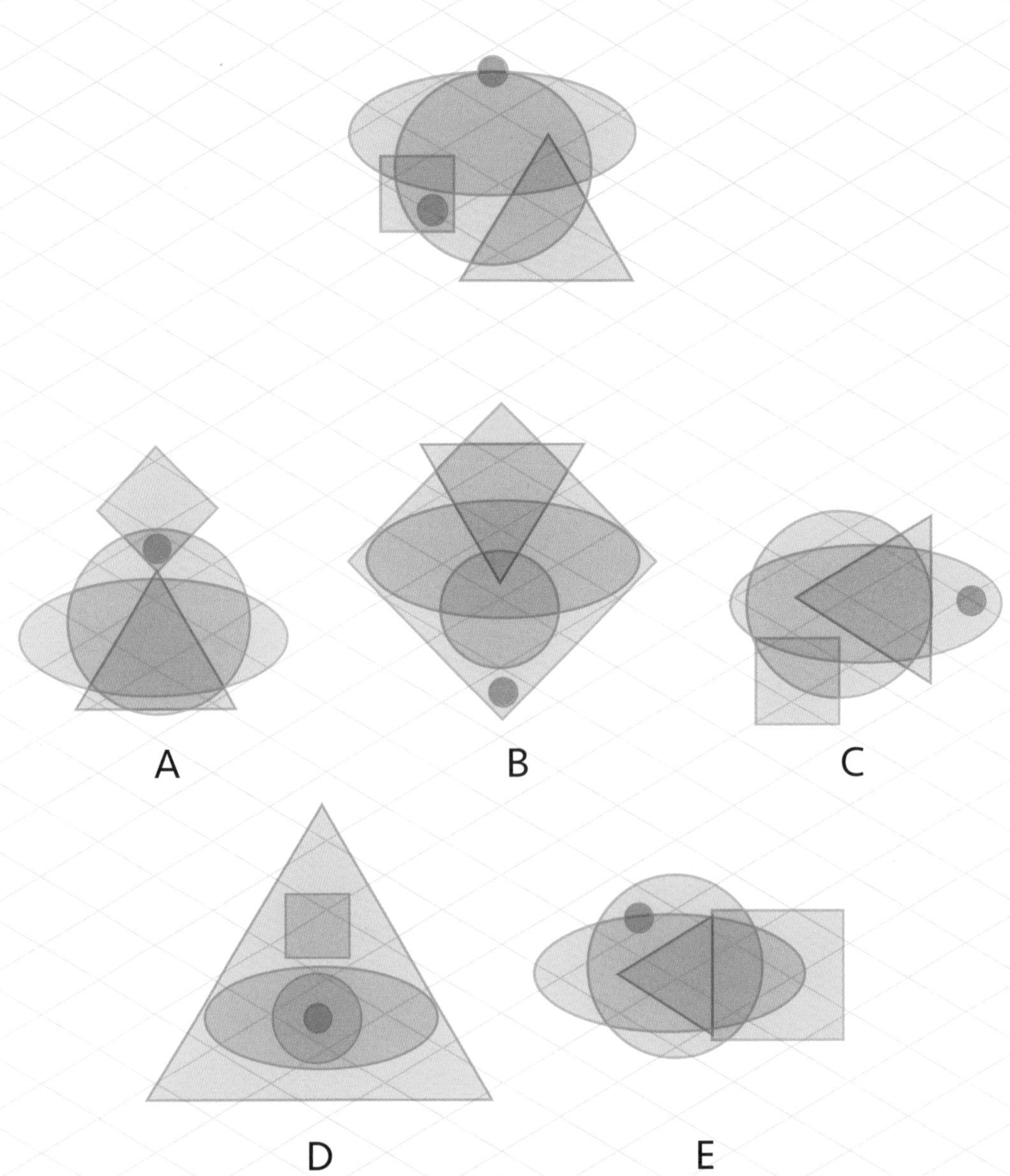

78

난이도★★★

다음 격자판을 네 개의 같은 모양으로 나눌 때, 그 구역 안에 다섯 가지 도형이 각각 하나씩 들어가도록 나누어보시오.

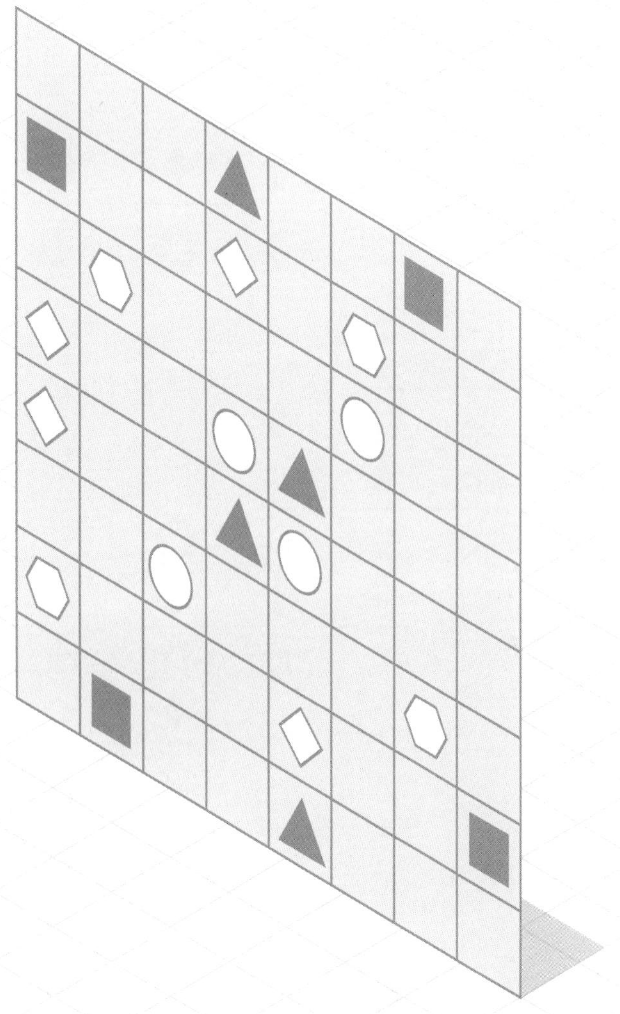

79

난이도 ★★★

다음 나눗셈 계산에서 각각의 기호는 서로 다른 숫자를 나타낸다. 이 계산은 어떤 수의 나눗셈일까?

난이도★★★

다음 수열은 특정 논리에 따르고 있다. 물음표 열에 들어갈 알맞은 숫자는 무엇일까?

8			
4	2		
9	3	4	
1	7	9	
7	1	1	
3	9	7	
2	4	3	?

정답 196쪽

81

난이도★★★

다음 격자판에는 특정 논리에 따라 숫자가 적혀 있다. 물음표에 들어갈 알맞은 숫자는 무엇일까?

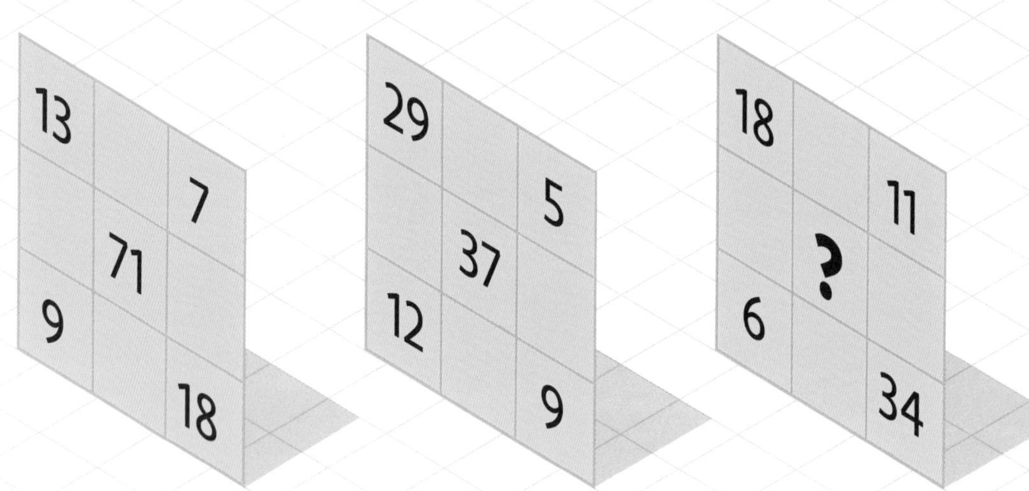

82

난이도★★★

다음 그림은 특정 논리에 따르고 있다. 물음표에 들어갈 알맞은 숫자는 무엇일까?

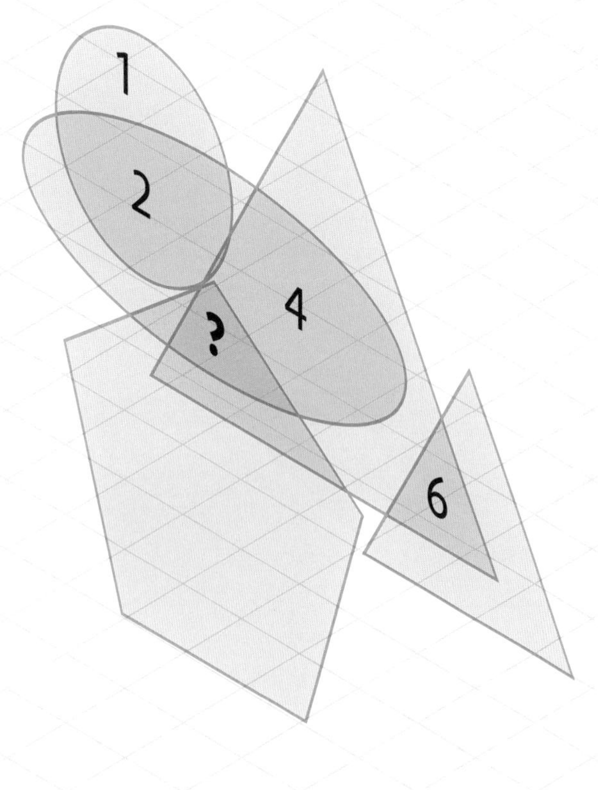

꽃 박람회에서 다섯 명의 정원사가 함께 만났다. 누가 치즈김밥을 가져왔을까?

1) 형철은 햄김밥을 가져왔고, 장미를 보러 온 빨강색 꽃을 좋아하는 사람이 아니다.
2) 파란색 꽃을 좋아하는 정원사는 꼬마김밥을 가져왔고, 팬지나 백합을 보려고 온 게 아니다.
3) 한 정원사는 핑크색 꽃을 좋아하며, 흰색 꽃을 좋아하는 정원사는 백합을 보려고 왔다.
4) 영희와 동수는 어묵김밥을 가져오지 않았다.
5) 동수는 장미를 보려고 온 게 아니다.
6) 참치김밥을 가져온 정원사는 진달래를 보려고 왔고, 흰색 꽃을 좋아하지 않는다.
7) 리안은 붓꽃을 보려고 왔고, 민수는 보라색 꽃을 좋아하며 진달래를 보려고 온 게 아니다.

(단, 정원사들은 좋아하는 음식, 꽃, 색깔이 각각 한 가지씩이고 서로 다르다.)

	빨강색	파란색	핑크색	흰색	보라색	장미	팬지	백합	진달래	붓꽃	햄김밥	꼬마김밥	어묵김밥	참치김밥	치즈김밥	형철	영희	동수	리안	민수
민수																				
리안																				
동수																				
영희																				
형철																				
치즈김밥																				
참치김밥																				
어묵김밥																				
꼬마김밥																				
햄김밥																				
붓꽃																				
진달래																				
백합																				
팬지																				
장미																				
보라색																				
흰색																				
핑크색																				
파란색																				
빨강색																				

84

난이도★★★

다음 격자판의 각 사각형은 상(U), 하(D), 좌(L), 우(R)로의 이동 명령이다. 예를 들어 3R은 오른쪽으로 3칸 이동, 4UL은 위로 4칸 이동하고 왼쪽으로 4칸(즉 대각선 왼쪽 위로 4칸) 이동 명령이다. 격자판의 모든 사각형을 정확히 한 번씩 거쳐 F가 적힌 사각형에 도달하기 위해서는 어느 사각형에서 시작해야 할까?

2D	2R	4R	2R	4L	2D	3D
5R	2DR	1U	2L	4L	2D	3D
3R	2U	1D	3D	2L	1R	3D
2D	1L	2R	**F**	3U	4L	3D
2R	4R	3U	3U	1D	2L	2L
2R	1U	1D	2L	4U	1D	1L
2U	4U	1L	3L	4U	2L	2L

아래 사각형의 변과 적어도 한 번은 만나는 선분 여섯 개를 이용하여 사각형 내부를 1, 2, 3, 4, 5, 6, 7개의 별을 각각 포함하는 섹션으로 나누려고 한다. 어떻게 해야 할까?

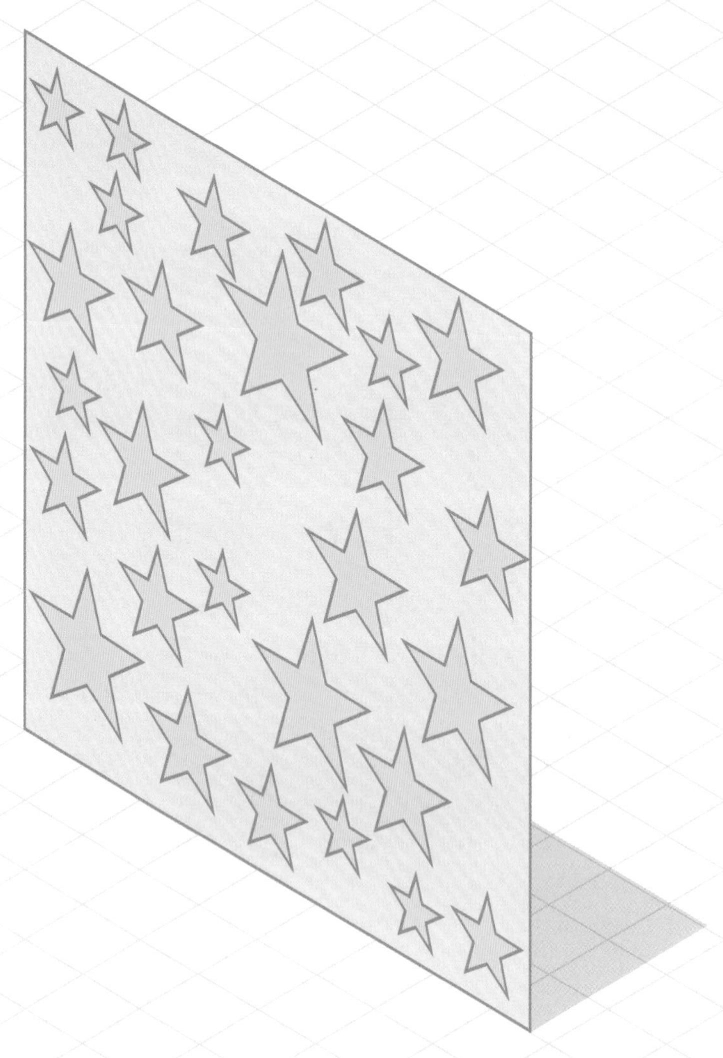

다음 시계들은 일정한 규칙에 따르고 있다. 4번째 시계는 몇 시일까?

정답 198쪽

87

난이도★★★

다음 사각형에는 특정 논리에 따라 문자와 숫자가 적혀 있다. 물음표에 들어갈 알맞은 숫자는 무엇일까?

88

난이도 ★★★

다음 수열은 특정 논리에 따르고 있다. 물음표 열에 들어갈 알맞은 숫자는 무엇일까?

4			
7			
3	5	1	
9	1	4	
6	1	1	
4	9	0	
1	9	1	?

5명의 사기꾼은 강도 혐의를 받고 있다. 각각 진술을 한 번씩 했고, 그 진술 중 두 개는 거짓이다. 범인은 1명이다. 누가 범인일까?

A: 범인은 B이다.
B: A는 거짓을 말한다.
C: D는 무죄이다.
D: E는 무죄이다.
E: D는 진실을 말한다.

90

난이도★★

4개의 구간으로 이루어진 달리기 대회가 열렸다. 각 구간의 거리와 상위 5명의 참가자의 평균 속도(m/s)가 다음 표와 같을 때, 누가 이겼을까? 또 그 기록은 얼마일까?

(단, 계산기를 활용하세요.)

	구간	A–B	B–C	C–D	D–E
참가자	거리	5.8km	4.6km	7.3km	0.9km
V		4.8	4.3	3.4	5.2
W		4.6	4.2	3.7	5.1
X		4.7	4.4	3.5	5.0
Y		4.9	4.25	3.1	5.4
Z		4.7	4.6	3.3	5.2

정답 199쪽

91

난이도★★★

다음 블록 판은 특정 논리에 따르고 있다. 비어 있는 나머지 한 개의 블록은 어떤 모양일까?

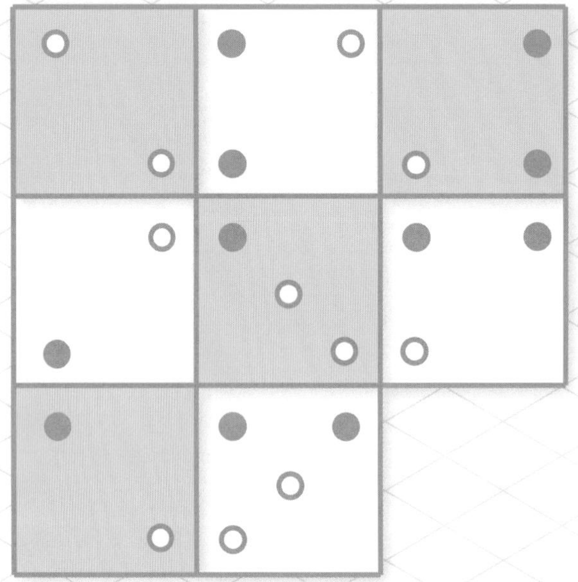

92

난이도★☆☆

다음 격자판의 각 도형에는 일정한 값이 있다. 물음표에 들어갈 알맞은 숫자는 무엇일까?

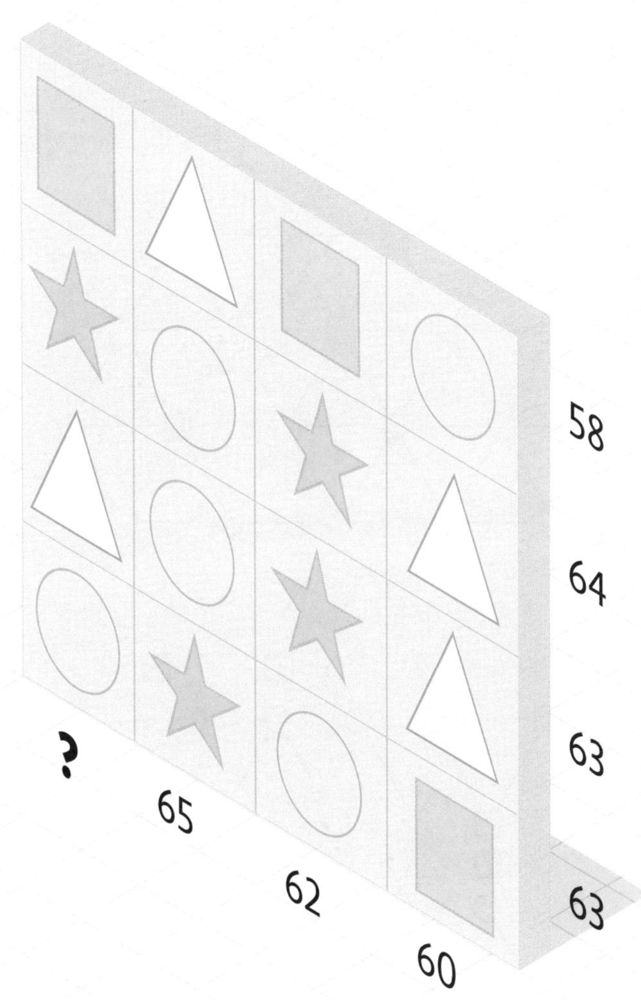

93

난이도★★★

아래의 그림 조각을 이용해 다음 삼각형의 전체 도형 기호를 덮는 방법은 무엇일까?

(단, 연결선이 모두 덮일 필요는 없다.)

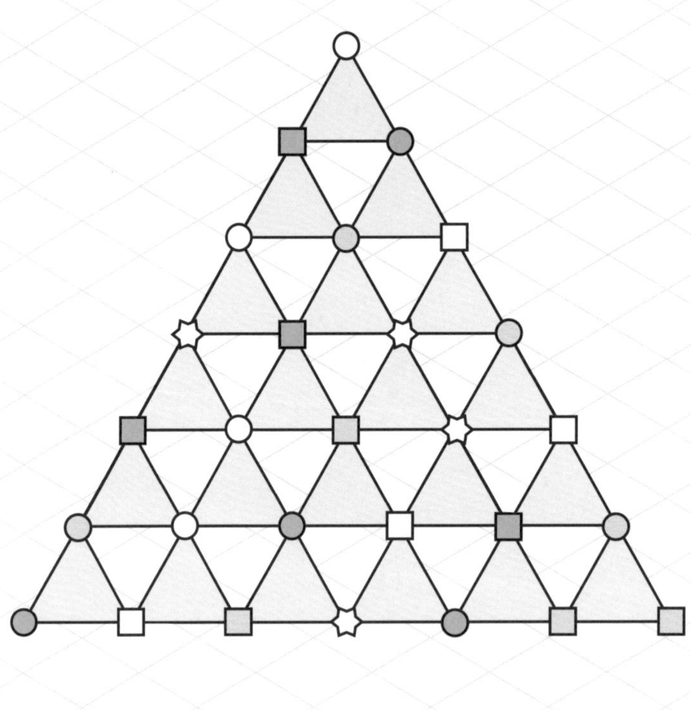

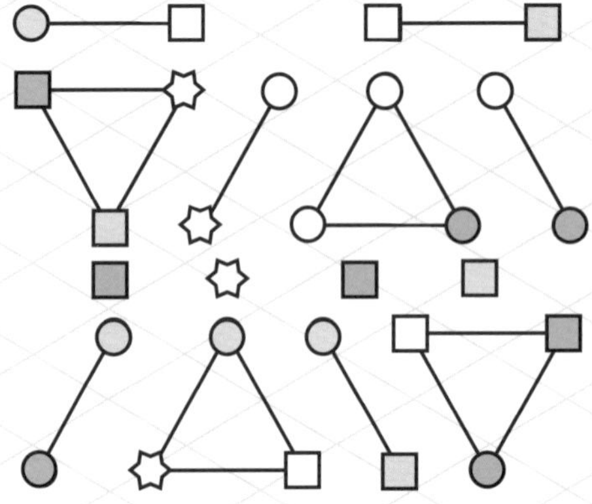

94

난이도★★★

다음 다섯 조각 중 네 조각을 이용해 직사각형을 만들 수 있다. 남는 하나는 어느 것일까?

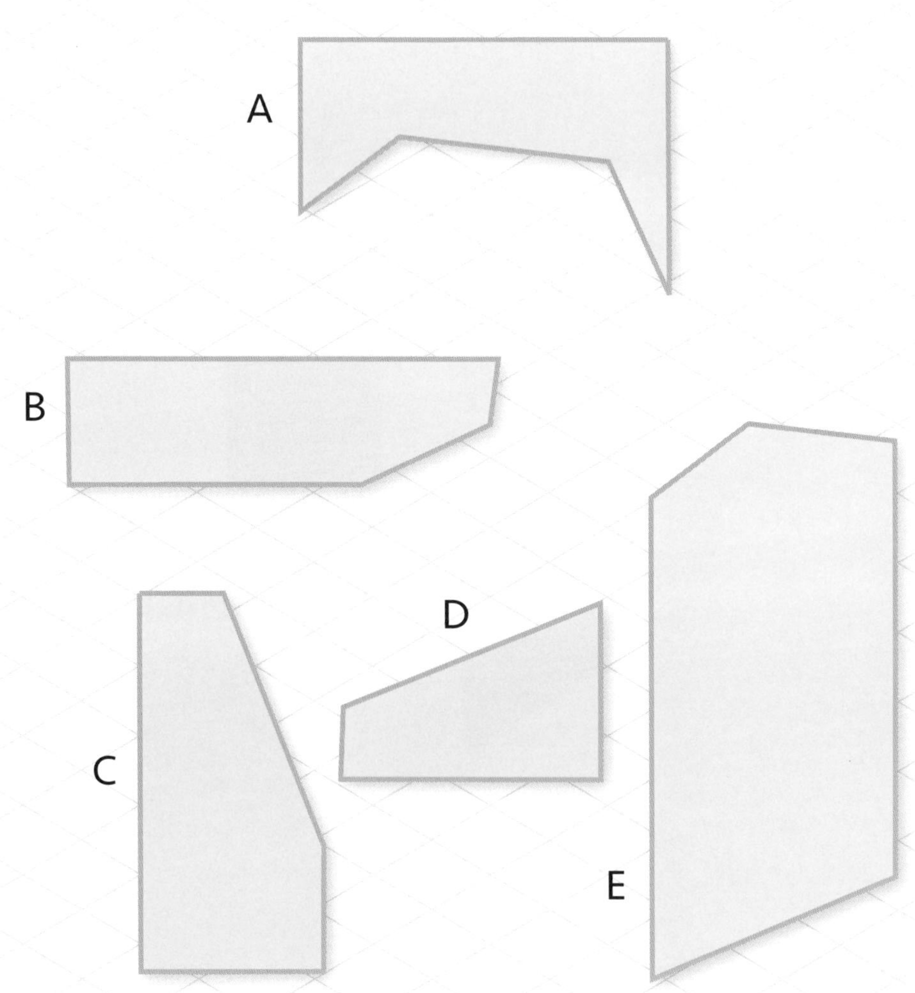

95

난이도★★★

두 개의 문이 있고, 그 중 하나는 악당이 숨어 있는 위험한 문이다. 각각의 문에는 안내문이 붙어 있다. 문 A의 안내문은 그 문이 안전할 때 참이고, 문 B의 안내문은 그 문이 안전할 때 거짓이다. 두 안내문을 문에서 떼어냈다. 하지만 어느 문에서 어느 안내문을 떼어냈는지 모른다. 어떤 문을 열어야 할까?

안내문 1: 이 문은 위험하다.
안내문 2: 두 문은 모두 위험하다.

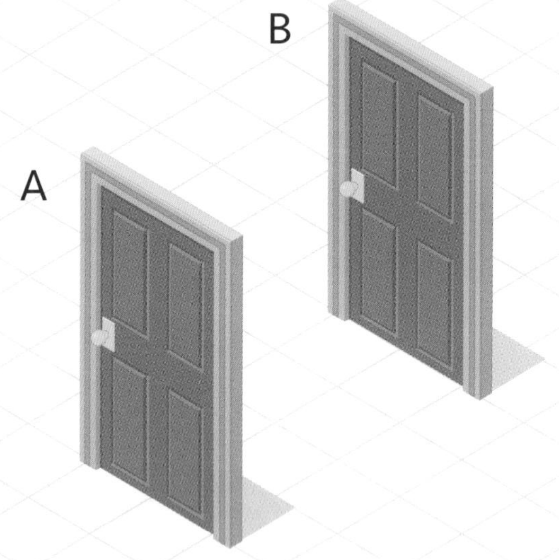

96

난이도★★☆

다음 원판에는 특정 논리에 따라 숫자가 적혀 있다. 물음표에 들어갈 알맞은 숫자는 무엇일까?

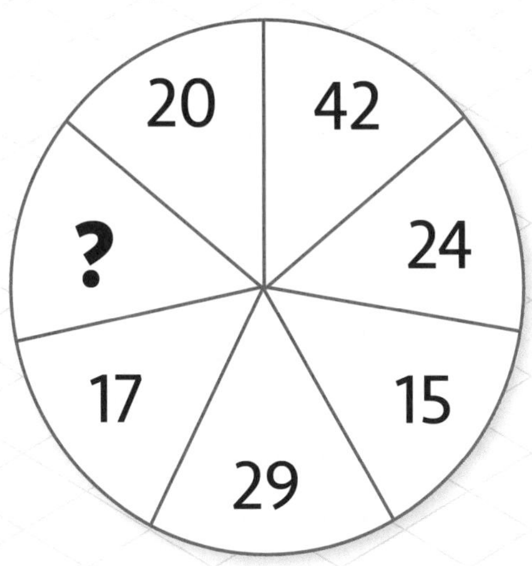

정답 199쪽

97

난이도 ★★☆

아래의 수들을 이용하여 다음의 십자풀이를 완성하시오.

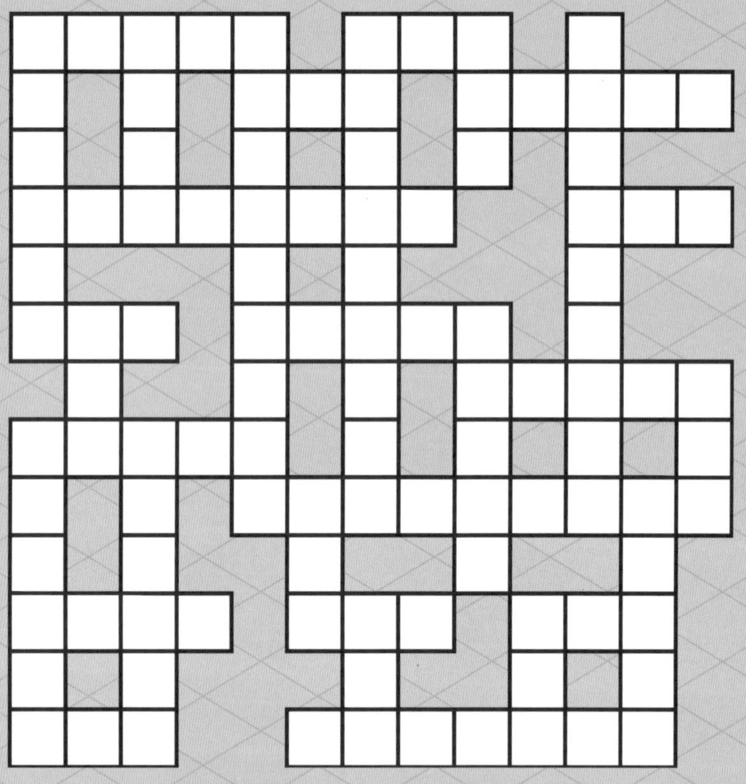

3자리 수
142
178
232
253
293
393
477
639
673
678
749
834
942

4자리 수
3089
9112
73985

5자리 수
10985
11624
18291
37255
51200
56071

6자리 수
187127
277892
364382

7자리 수
7347385

8자리 수
11217966

9자리 수
215628072
326602260
524755252
937660985

98

난이도★★★

세 명의 여자 A, B, C 중 한 명은 항상 거짓을 말하고, 한 명은 항상 진실만을 말하며, 나머지 한 명은 때로는 진실을 때로는 거짓을 말한다. 세 명은 각각 하나의 진술을 한다. 항상 진실을 말하는 사람은 누구일까?

A: B는 항상 진실을 말한다.
B: A는 항상 진실을 말한다.
C: B는 때로는 진실을 때로는 거짓을 말한다.

정답 199쪽

아래 연속된 세 개의 그림 다음에 올 수 있는 것은 다음 중 어느 것일까?

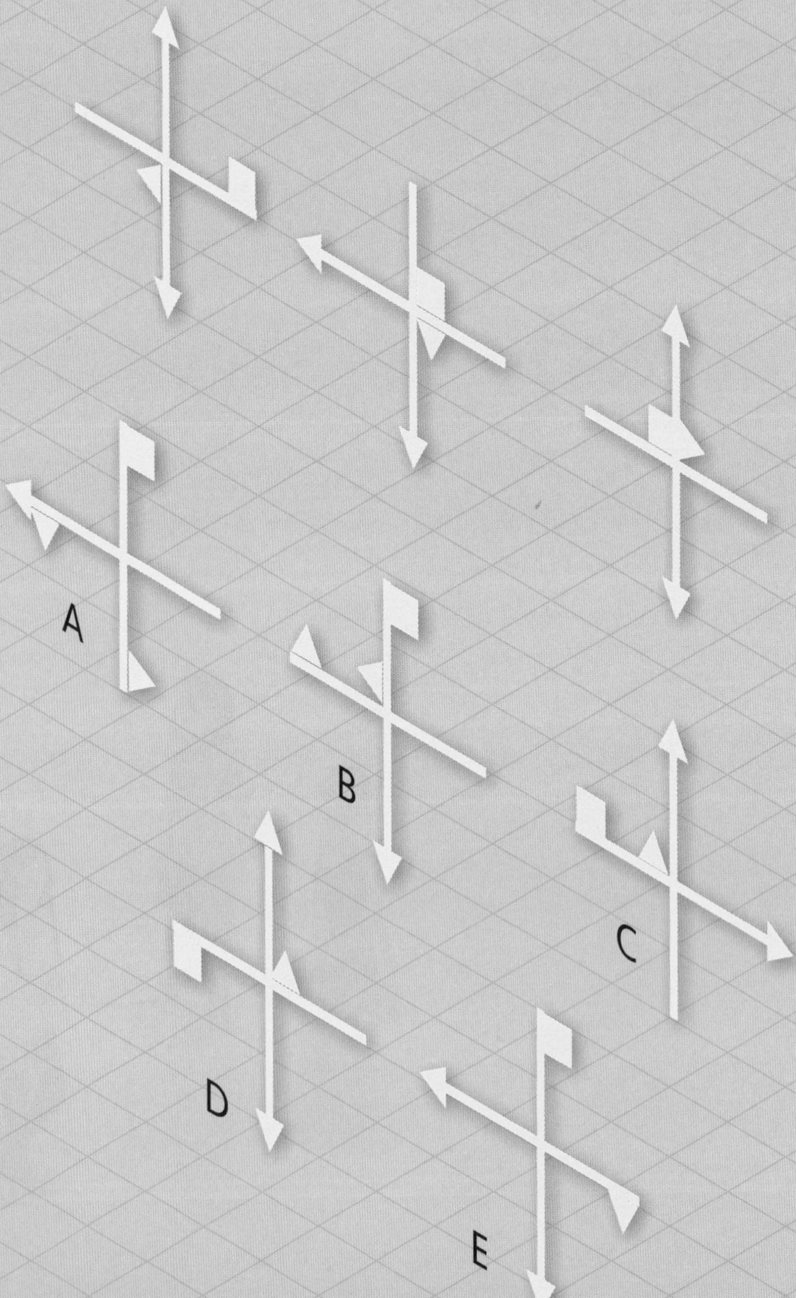

A

B

C

D

E

100

난이도★★★

다음 진술 중에서 참인 것은 모두 몇 개일까?

- 적어도 한 문장은 거짓이다.
- 적어도 두 문장은 거짓이다.
- 적어도 세 문장은 거짓이다.
- 적어도 네 문장은 거짓이다.
- 적어도 다섯 문장은 거짓이다.
- 적어도 여섯 문장은 거짓이다.
- 적어도 일곱 문장은 거짓이다.
- 적어도 여덟 문장은 거짓이다.
- 적어도 아홉 문장은 거짓이다.
- 열 개의 문장 모두 거짓이다.

정답 200쪽

101

난이도★★★

아래의 그림과 가장 유사한 배치는 다음 중 어느 것일까?

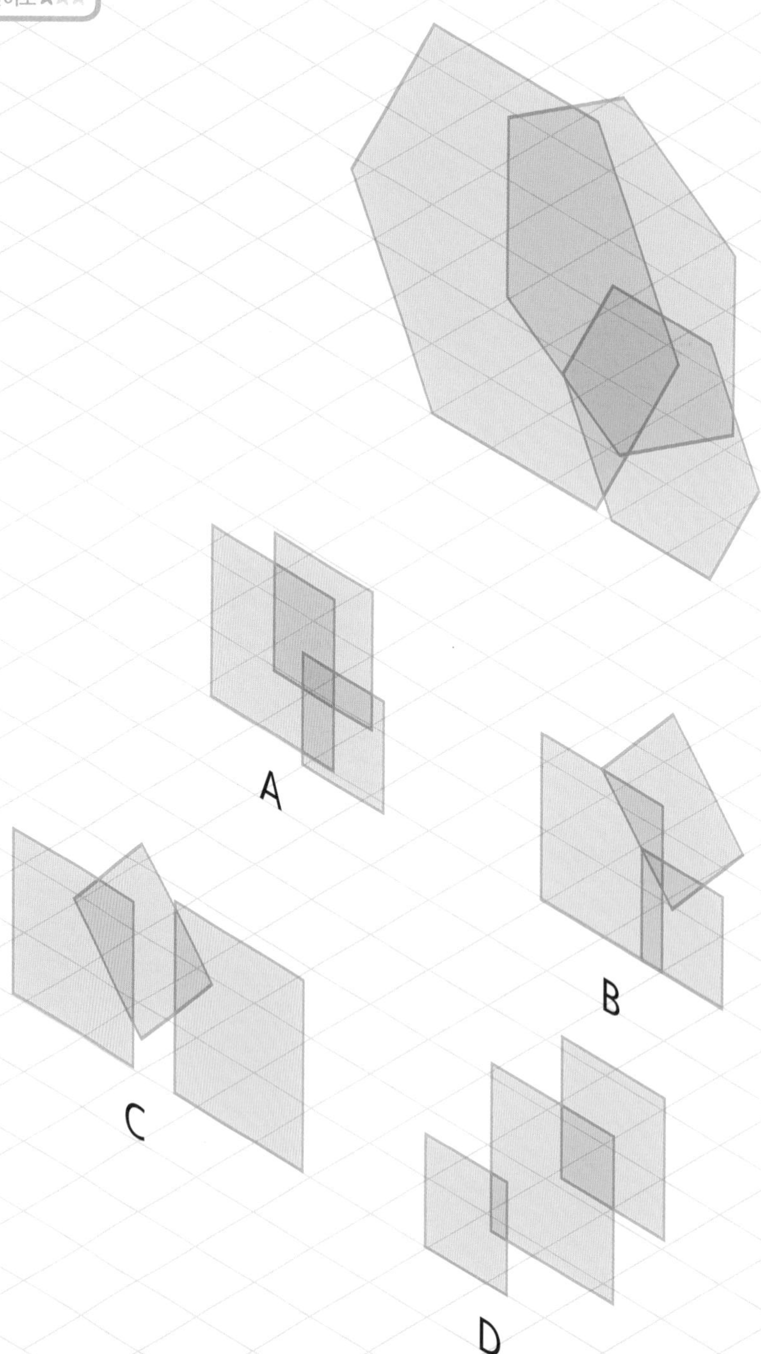

102

난이도★★★

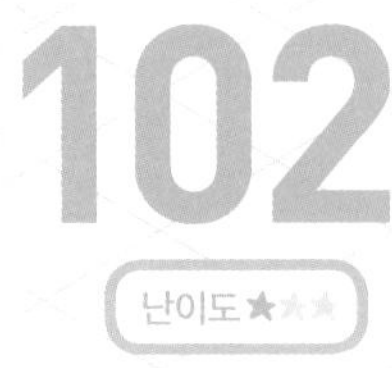

다음 시계들은 특정 논리에 따르고 있다. 5번째 시계는 몇 시일까?

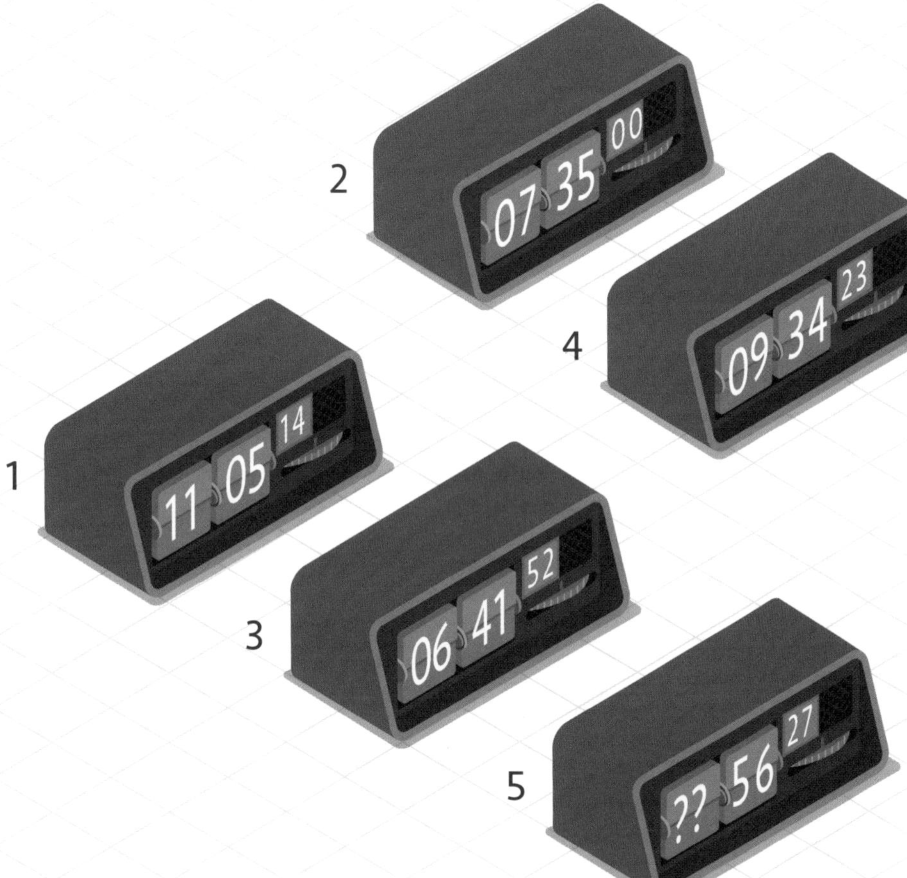
2
07 35 00
4
09 34 23
1
11 05 14
3
06 41 52
5
?? 56 27

103

난이도★☆☆

다음 숫자들의 위치를 재배열하여 등식을 완성하시오.
(단, 다른 수학 연산 기호는 추가하지 않는다.)

$$44 = 63$$

104

난이도★★★

다음 수들은 특정 논리에 따르고 있다. 다음에 올 숫자는 무엇일까?

정답 200쪽

105

난이도 ★★★

세 명의 궁수 A, B, C가 활을 쏘았다. 세 궁수가 다섯 발씩 쏘았을 때, 각각 78점을 얻었다. A는 처음 두 발로 13점을 얻었고, C는 마지막 두 발로 8점을 얻었다. 누가 과녁에 명중시키지 못했을까?

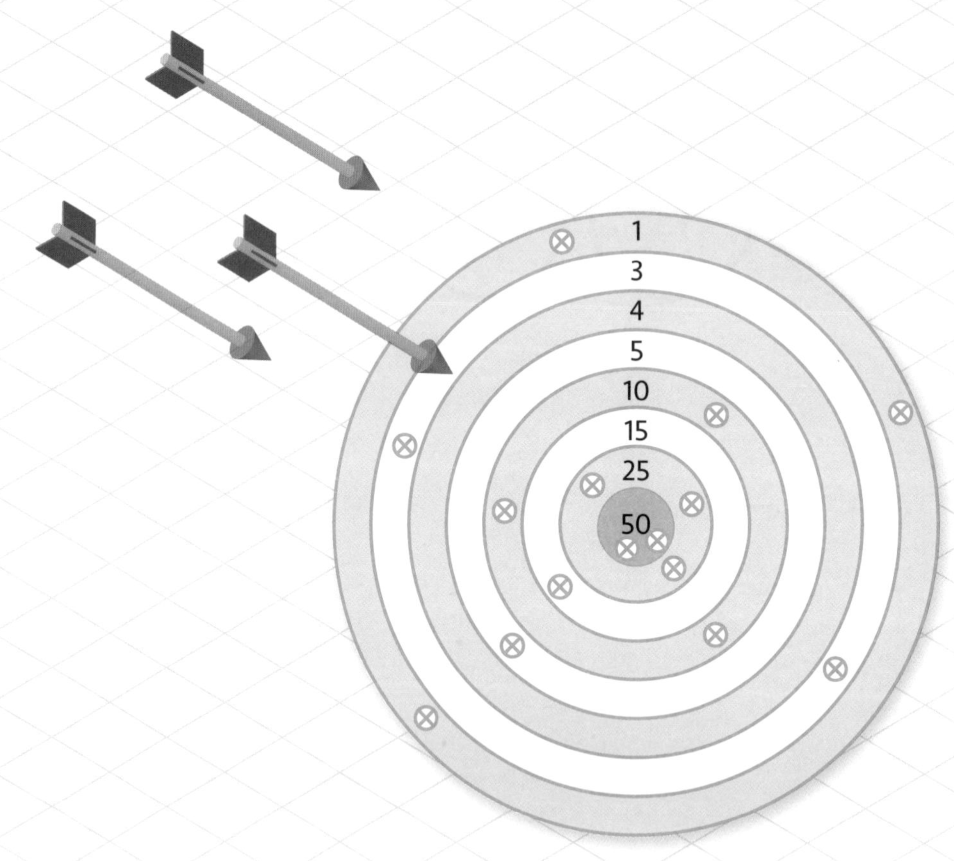

106

난이도 ★★★

다음 일련의 지시를 따르면 어떤 결과가 나올까?

1. 숫자 7을 기록한다.
2. 마지막으로 기록한 수에서 3을 빼고, 그 결과를 기억한다.
3. 기억한 수를 기록한다.
4. 마지막으로 기록한 수에 2를 더하고, 그 결과를 기억한다.
5. 기억한 수를 기록한다.
6. 마지막으로 기록한 수에 2를 더하고, 그 결과를 기억한다.
7. 9개의 수를 기록했는가? 그렇다면 다음 단계로 진행하고, 아니라면 2단계로 돌아간다.
8. 1을 기록한다.
9. 끝.

정답 200쪽

107

난이도★★★

다음과 같이 각 저울이 균형을 이루고 있다. 물음표에 들어갈 공의 개수는 얼마일까?

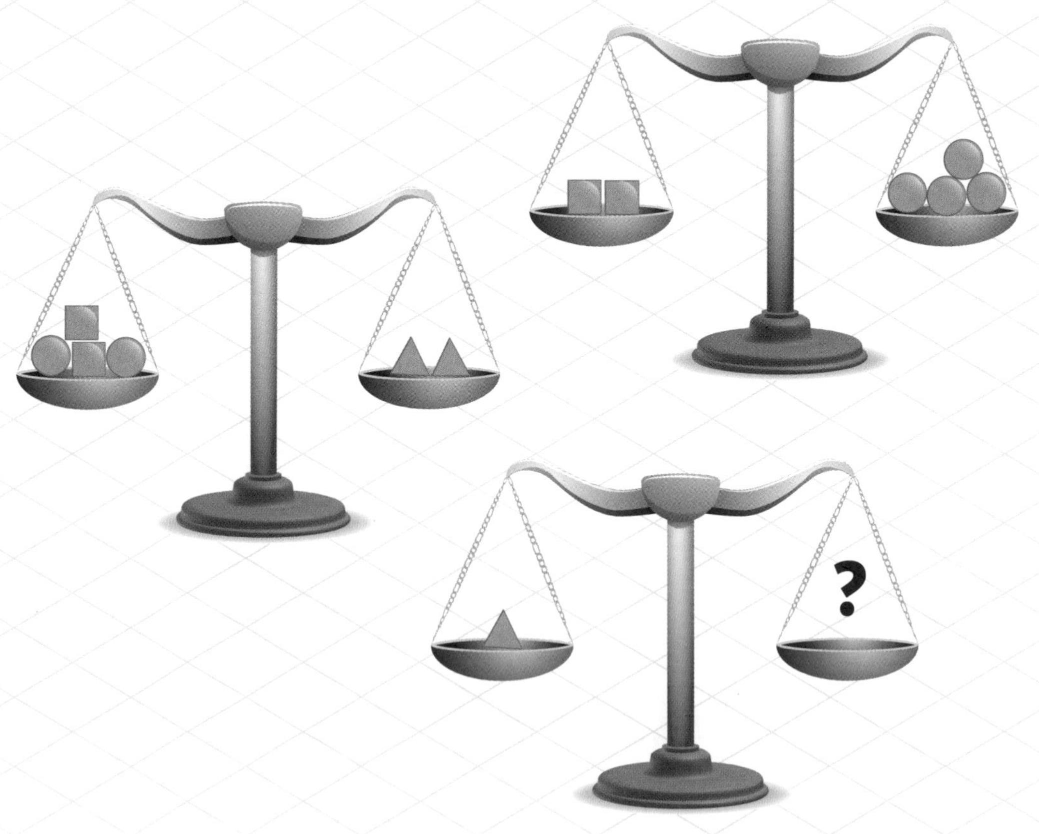

108

난이도★★★

다음과 같이 각 저울이 균형을 이루고 있다. 물음표에 들어갈 공의 개수는 얼마일까?

어느 날 어머니가 아들에게 말했다.

"여기에 10,000원이 있다. 만일 내가 생각하고 있는 것을 알아맞히면 이 돈을 너에게 주겠다."

아들이 오랜 생각 끝에 명답을 생각해 냈다. 어머니는 그 말을 듣고 "음…" 하더니 아들에게 10,000원을 주었다. 아들은 무엇이라고 말했을까?

| 정답 201쪽

110

난이도★★★

다음 낱말판에서 'THROAT'를 찾아보시오.

(단, 'THROAT'는 한 번만 쓰여 있으며, 가로줄 또는 세로줄 또는 대각선으로 놓여 있다.)

H T T O T T R T T A T R A H R
O A A R H T O T R O A O R T R
T T H A T A T T H A H T H A T
O R R T R T A T R O H R T H O
T T O T T O A T O R T T H O T
H A A R T A O A R T R T O O R
T R T R O T T R T T H H R A O
T H T R H T R H O H T R O H O
T O R H R R R A T O H O O T O
R O H T T A O A H H T H O R T
R T T R A T O O R H O T T R H
R A T T T T T O R O T T O T O
R T T T R H R O T T H A O T A
R T T A O A A H T A T A R T H
A H O A H T T T O A H T R R T

111

난이도★★★

다음 다섯 문장이 모두 참이 되도록 빈 칸에 숫자 0~9 중 알맞은 숫자를 넣으시오.

다섯 문장에 숫자 1이 (　)개 있다.
다섯 문장에 숫자 2가 (　)개 있다.
다섯 문장에 숫자 3이 (　)개 있다.
다섯 문장에 숫자 4가 (　)개 있다.
다섯 문장에 숫자 5가 (　)개 있다.

| 정답 201쪽

112

난이도 ★★★

다음과 같이 바깥에 위치한 네 개의 원에 있는 기호를 안에 있는 원으로 전송하는 장치가 있다.

특정 위치에 한 번 나타날 경우에는 그대로 전송된다.
두 번 나타날 경우에는 그 위치에서 다른 기호가 전송되지 않으면 전송된다.
세 번 나타날 경우에는 그 위치에 한 번만 표시되는 기호가 없으면 전송된다.
네 번 나타날 경우에는 전송되지 않는다.

동일한 횟수의 기호가 경쟁하는 경우, 우선 순위가 높은 기호가 전송된다. 우선 순위는 상단좌측, 상단우측, 하단좌측, 하단우측의 순이다. 가운데 원에 전송된 모양은 무엇일까?

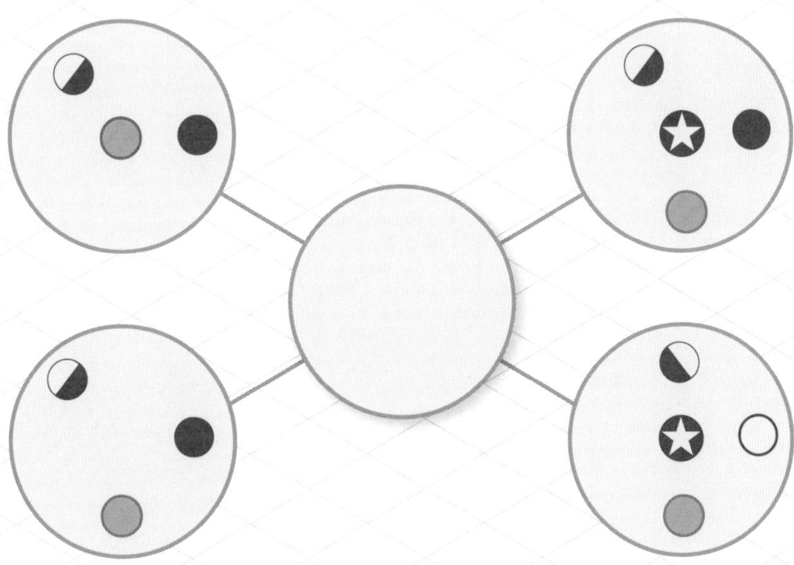

113

난이도★★★

다음 사각형 안에 3개의 원을 그려 각각의 원 안에 삼각형, 사각형, 오각형이 하나씩만 포함하도록 하시오.

(단, 두 개의 원이 같은 삼각형, 사각형, 오각형 모두를 포함하지는 않는다.)

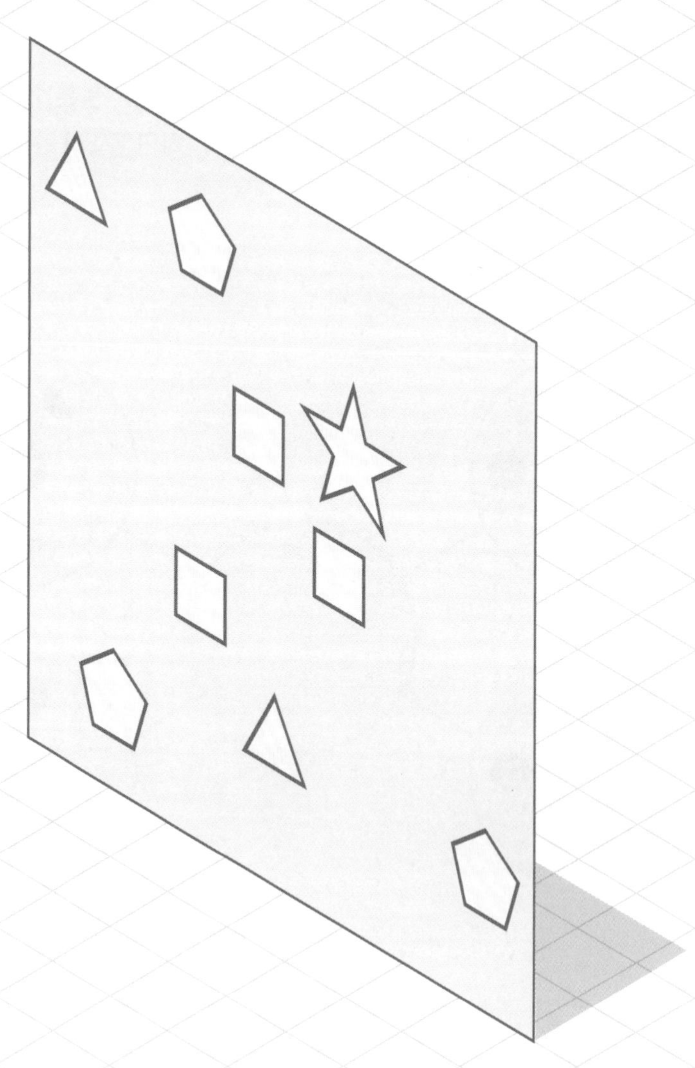

114

난이도★★★

다음은 성냥개비를 이용한 로마자 수식으로, 올바르지 않다. 성냥개비 1개를 추가해 올바른 수식을 완성하시오.

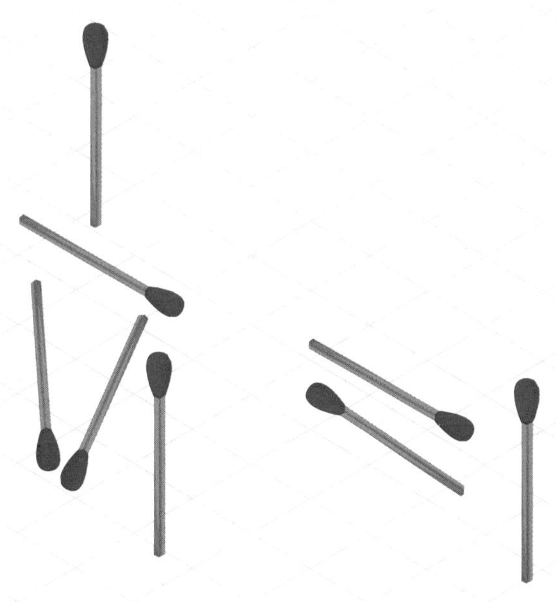

115

난이도★★★

10명이 5개씩 두 줄로 마주 한 책상에 앉아 있다. 한 줄에는 남자가 앉아 있고, 다른 한 줄에는 여자가 앉아 있다. 조건이 다음과 같다면, 현수는 몇 번 책상에 앉아 있을까?

1번 책상 앞에 10번 책상이 있다.
3번 책상에는 채원 또는 선영이 앉아 있다.
4번 책상에는 고은 또는 희선이 앉아 있다.
8번 책상에는 철수 또는 재상이 앉아 있다.
승우는 옆자리 책상이 1개만 있다.
채원과 고은의 책상 사이에는 책상이 두 개 있다.
동환은 영희의 옆자리의 앞 책상에 앉아 있다.
영희의 앞자리에는 철수가 있다.
승우는 현수의 옆자리 및 고은의 앞자리에 앉아 있다.
현수와 철수의 책상 사이에는 책상이 두 개 있다.

 | 정답 201쪽

116

난이도 ★★★

다음 원판에는 특정 논리에 따라 숫자가 적혀 있다. 물음표에 들어갈 알맞은 숫자는 무엇일까?

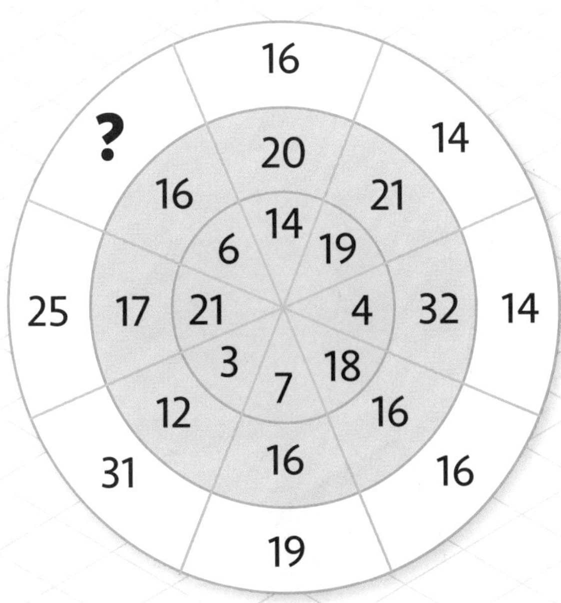

117

난이도★★★

종이봉투 A와 B가 있다. 종이봉투 A에는 바둑돌이 한 개 들어 있다. 이 바둑돌의 색이 검정일 확률과 흰색일 확률은 서로 같다. 종이봉투 B에는 검정 바둑돌 두 개와 흰색 바둑돌 한 개가 들어 있다.

종이봉투 A에 흰색 바둑돌 한 개를 추가로 넣고, 흔든 다음 한 개를 임의로 꺼냈더니 흰색이었다.

이제 두 종이봉투의 바둑돌을 종이봉투 C에 넣어서 바둑돌을 하나 뽑는 것과 동전을 던져 바둑돌을 뽑을 봉투를 정하고 바둑돌을 하나 뽑는 것 중에 어느 것이 흰색 바둑돌을 뽑을 확률이 더 높을까?

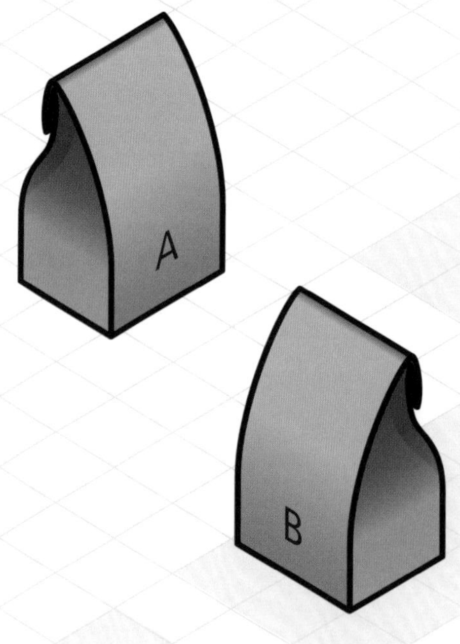

118

난이도★★

다음 격자판에는 특정 논리에 따라 숫자가 적혀 있다. 물음표에 들어갈 알맞은 숫자는 무엇일까?

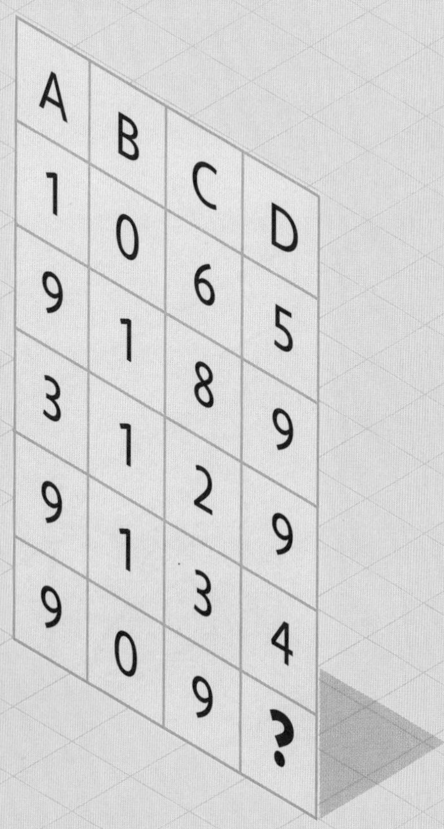

정답 202쪽

119

난이도 ★★★

가운데 수에서 시작해 길을 따라 가며 얻은 5개의 수를 모두 더할 때, 만들 수 있는 가장 큰 수는 얼마일까?

(단, 되돌아갈 수 없으며, 시작한 위치의 수를 포함한다.)

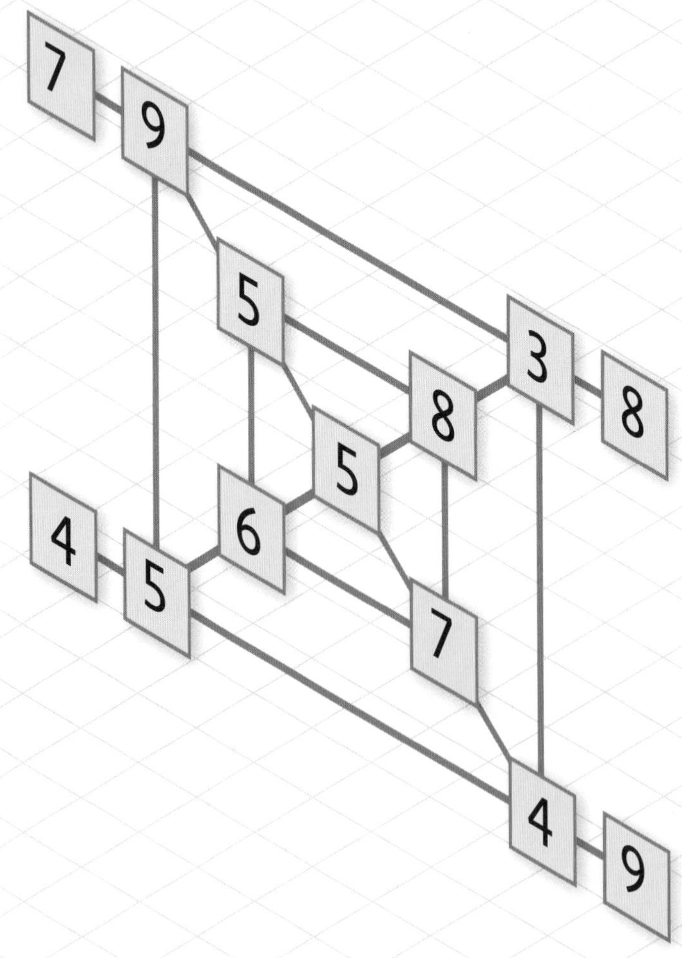

아래의 그림과 가장 유사한 배치는 다음 중 어느 것일까?

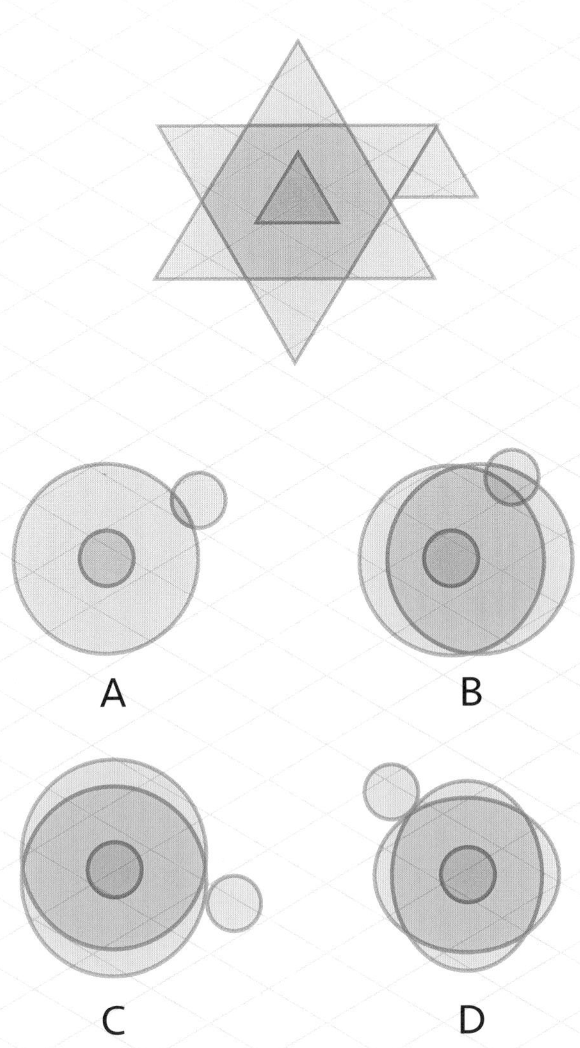

121

난이도★★★

아래의 그림 조각을 이용해 다음 삼각형의 전체 도형 기호를 덮는 방법은 무엇일까?

(단, 연결선이 모두 덮일 필요는 없다.)

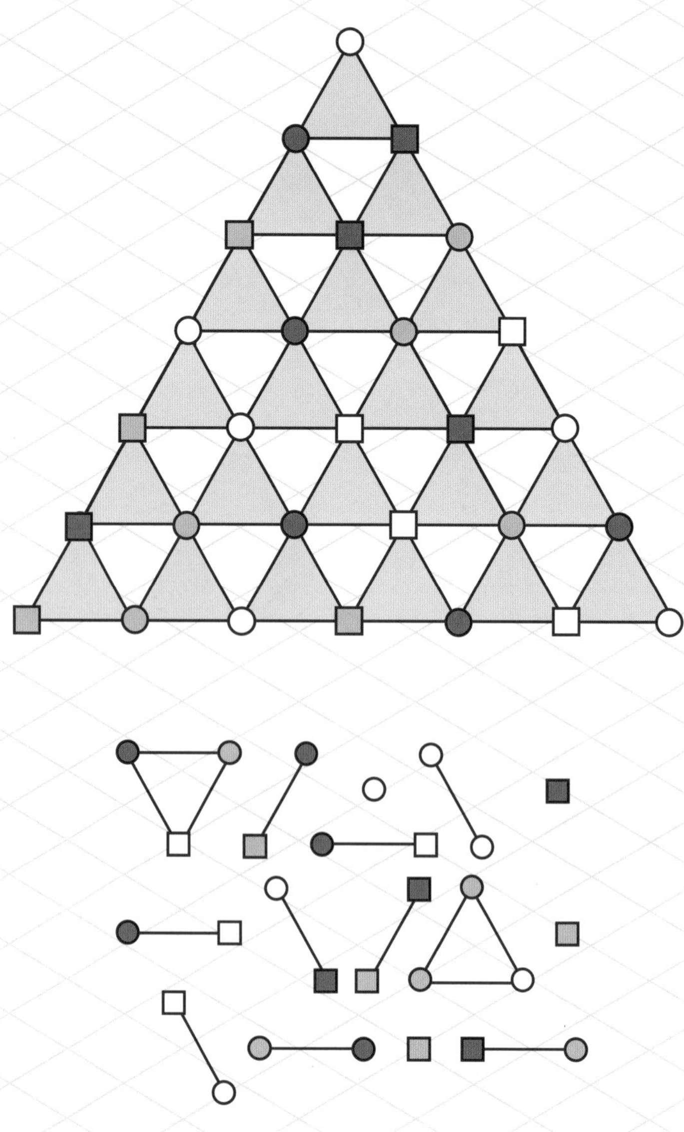

122

난이도★★★

다음 그림에서 그림 1이 그림 2와 짝이라면, 그림 3은 누구와 짝을 이룰까?

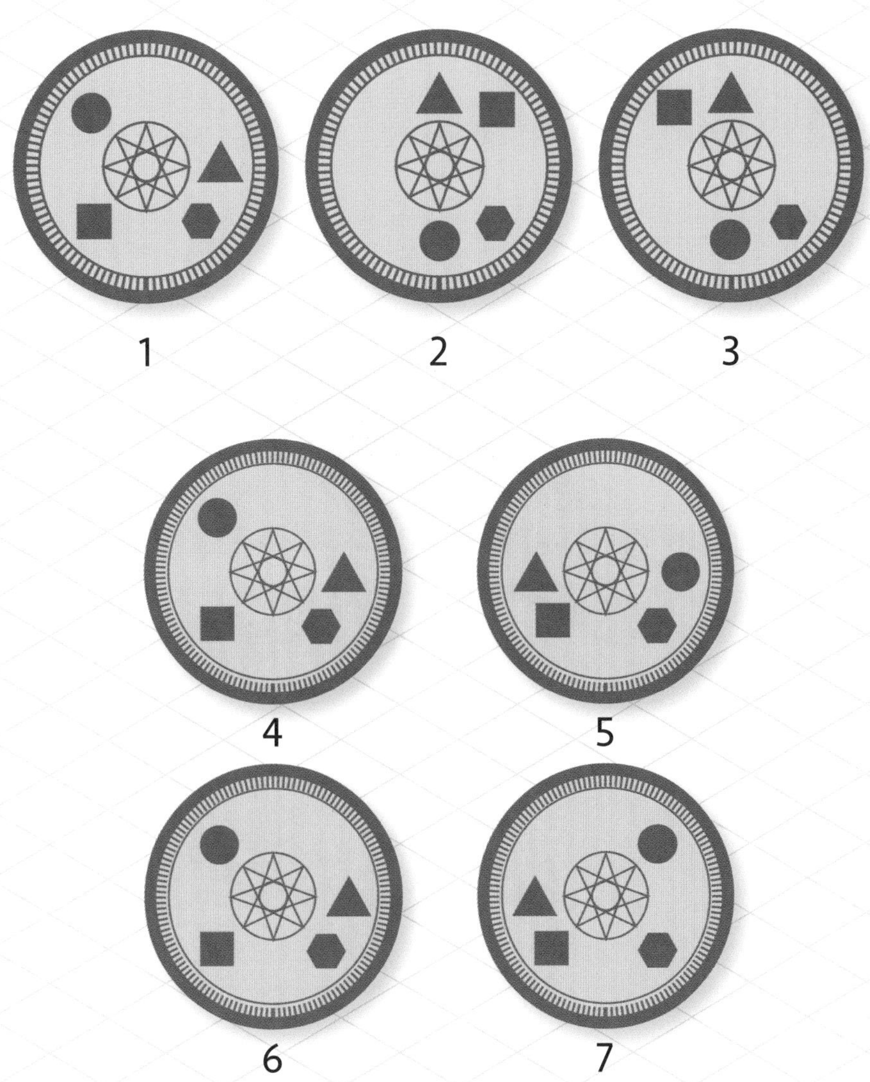

123

난이도★★★

나무 조각을 길 위에서 발견했다. 그것을 주워 관찰하고 던졌다. 나무 조각은 일정거리를 이동한 후 완전히 멈추었다. 그리고 나무 조각은 내게로 다시 돌아오기 시작했고, 다시 내 손에 돌아왔다. 나무 조각은 어떤 것에 맞고 튕기지도 않았고, 내가 끈으로 묶지도 않았다. 어떻게 된 일일까?

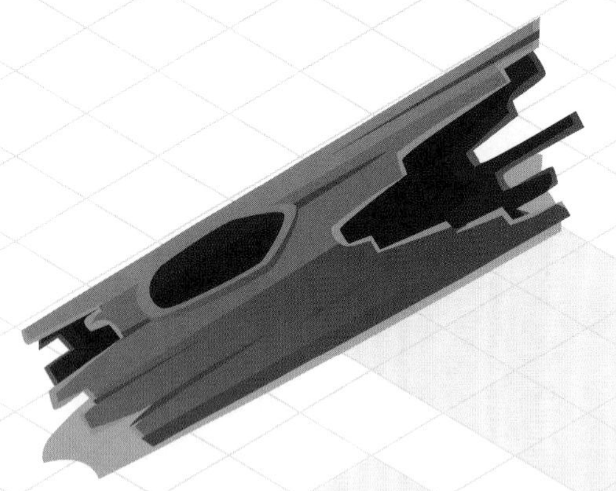

 | 정답 202쪽

124

난이도★★★

사각형 내부에 있는 닮은 모양의 변과 만나지 않으면서 사각형 내부에 닮은 모양의 도형을 가장 크게 그리려면 어떻게 그려야 할까?

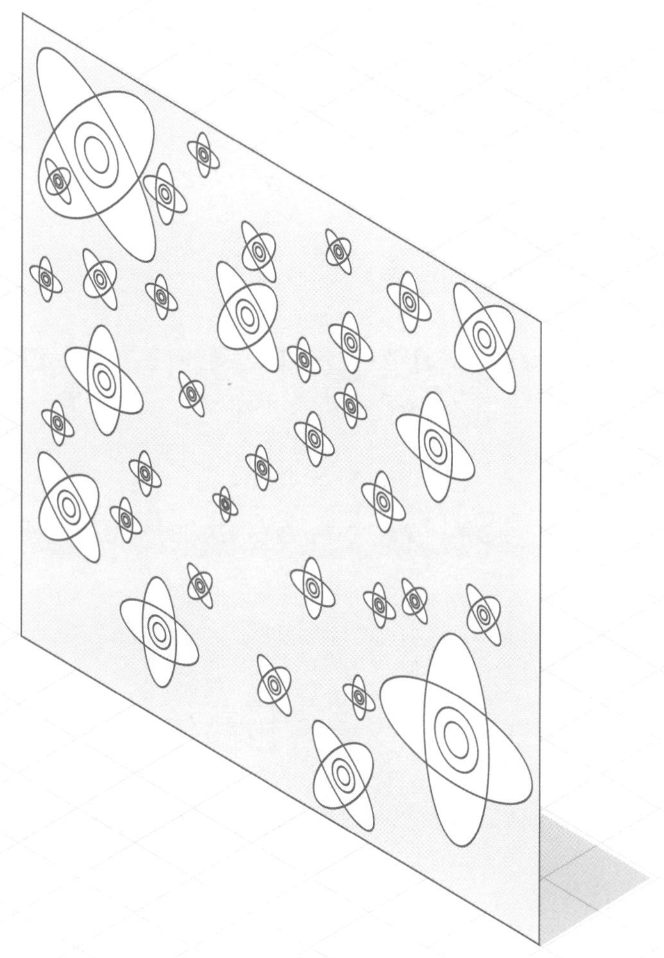

정답 202쪽

125

난이도★★★

다음 등식이 성립하도록 수학 연산 기호 +, −, ×, ÷, ^, ., √, !, ( )를 넣으시오.

A　4 2 3 4 8 = 4

B　2 5 4 2 4 3 = 1 7

C　5 5 5 5 5 5 5 5 = 5 5

126

난이도 ★★★

아래 사각형의 변과 적어도 한 번은 만나는 선분 여섯 개를 이용하여 사각형 내부를 1, 2, 3, 4, 5, 6, 7개의 별을 각각 포함하는 섹션으로 나누려고 한다. 어떻게 해야 할까?

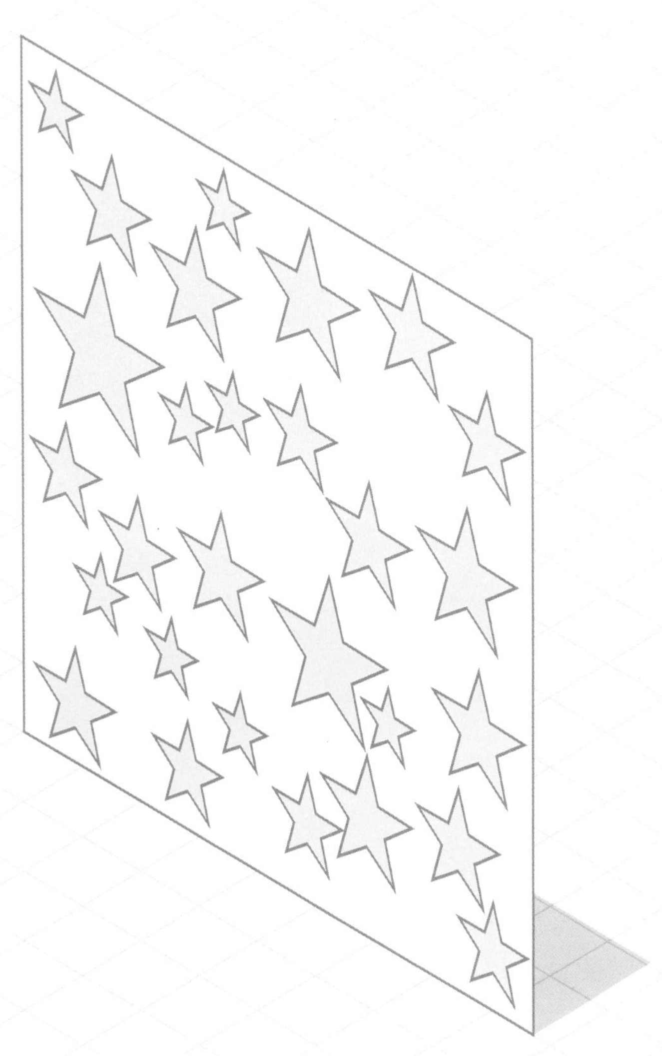

정답 203쪽

127

난이도 ★★★

다음 원판에는 특정 논리에 따라 숫자가 적혀 있다. 물음표에 들어갈 알맞은 숫자는 무엇일까?

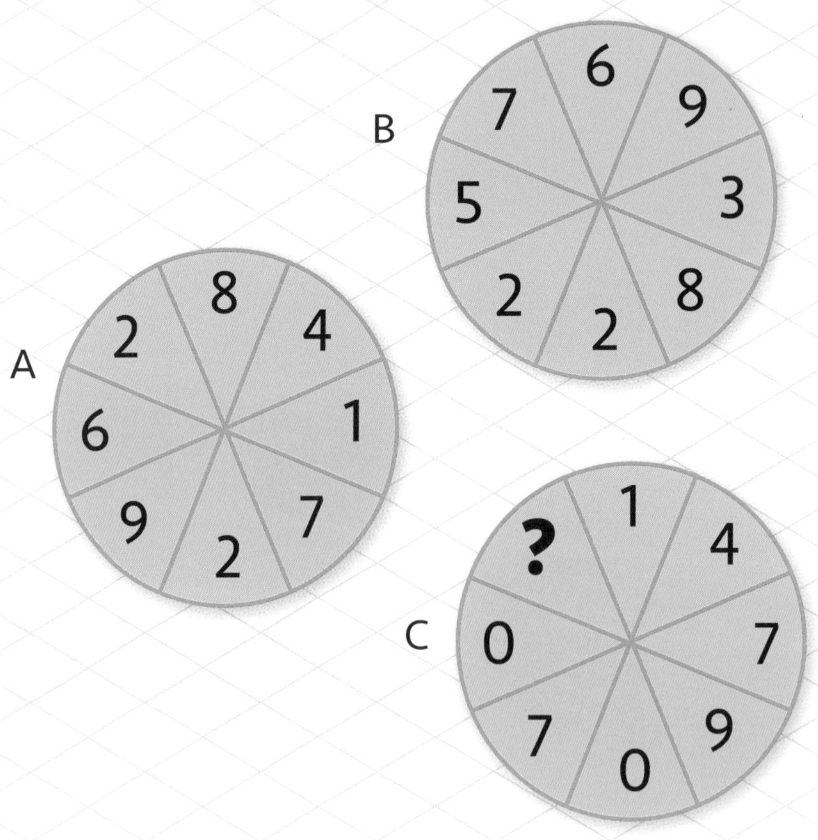

 | 정답 203쪽

128

난이도★★★

다음 삼각형에는 특정 논리에 따라 숫자가 적혀 있다. 물음표에 들어갈 알맞은 숫자는 무엇일까?

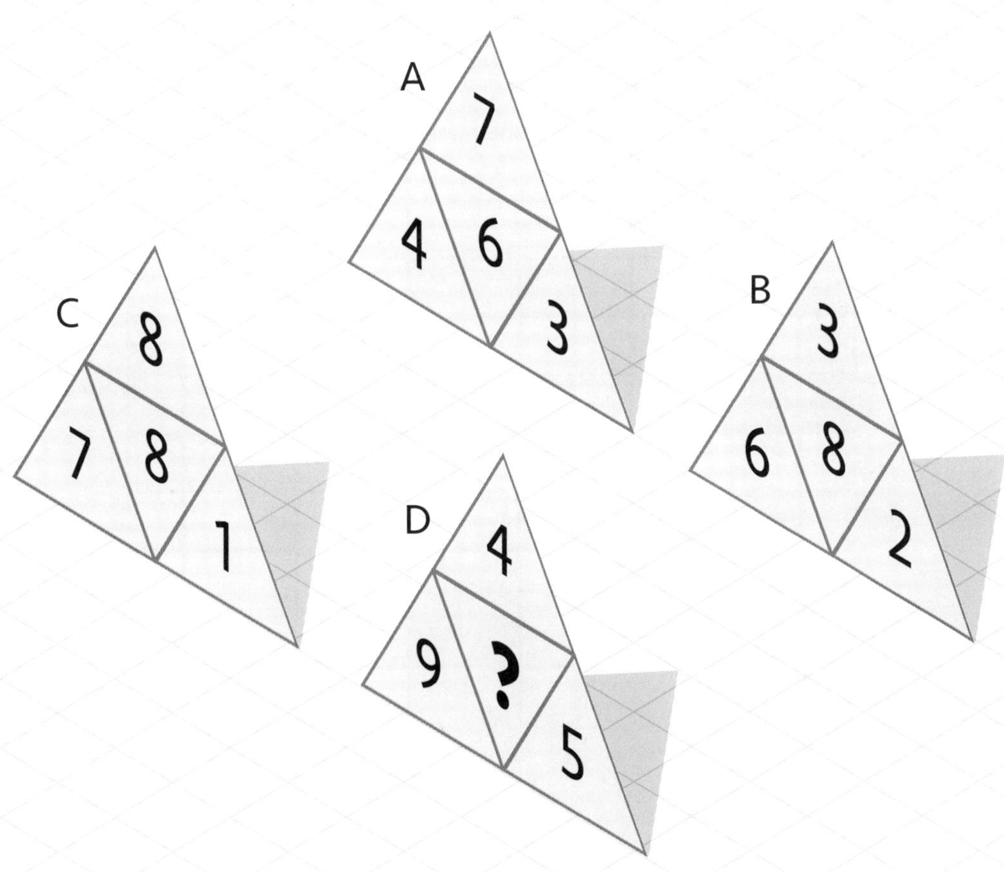

정답 203쪽

129

난이도 ★★★

아래의 수들을 이용하여 다음의 십자풀이를 완성하시오.

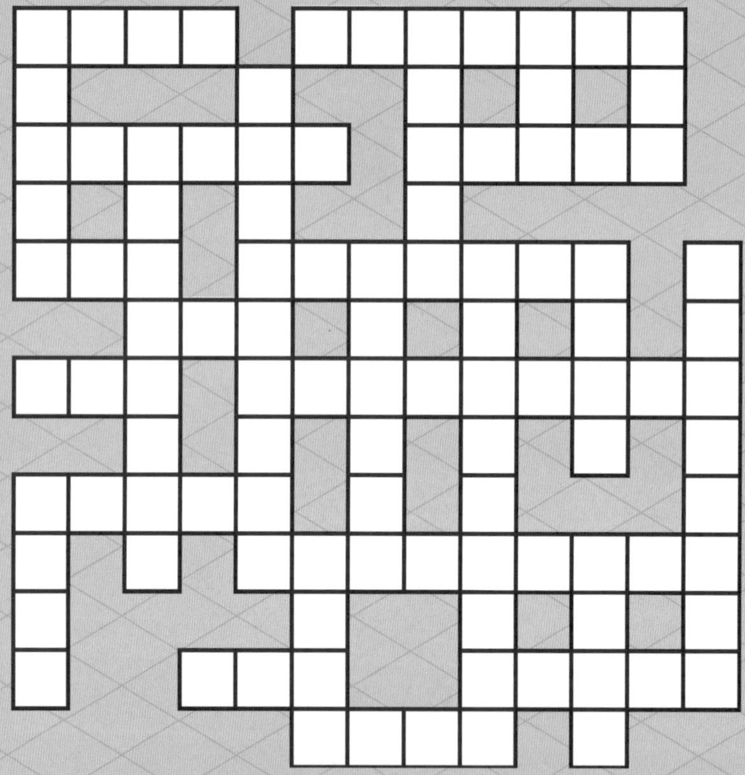

3자리 수	4자리 수	5자리 수	6자리 수	8자리 수
310	3410	12870	637251	36534897
417	4476	32570	854708	78783756
537	5536	34131	**7자리 수**	**9자리 수**
548	6414	36397	5037593	148028558
874	6848	98604	9581646	154331455
963	9590			456941301
				693352634

130

난이도★★★

다음 격자판을 네 개의 같은 모양으로 나눌 때, 그 구역 안에 다섯 가지 도형이 각각 하나씩 들어가도록 나누어보시오.

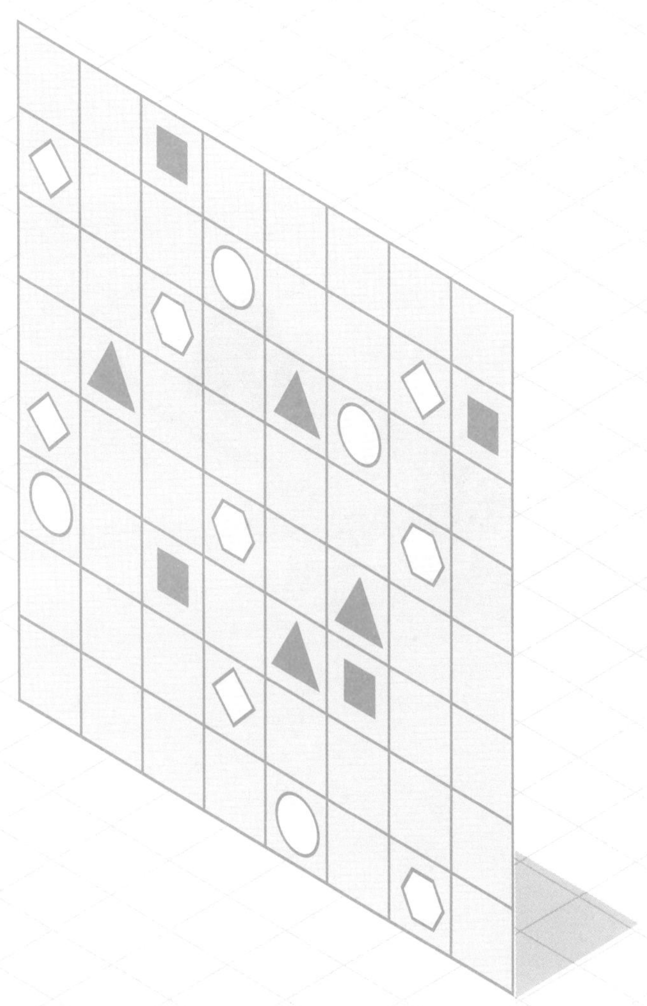

정답 203쪽

다음 시소가 균형을 이루고 있다. 물음표에 알맞은 추의 무게는 얼마일까?

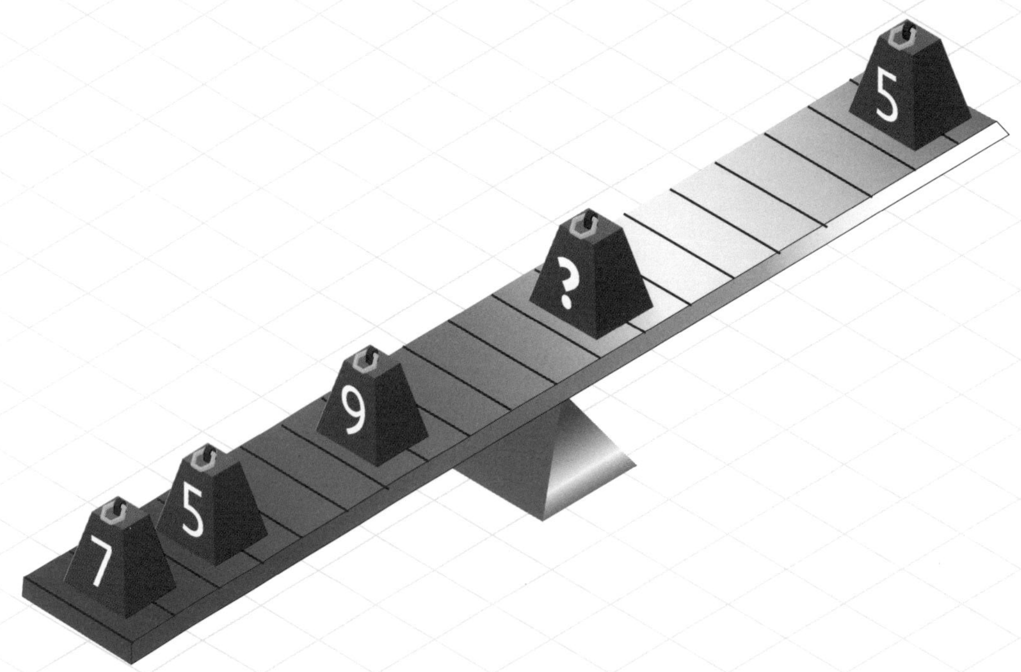

132

난이도★★☆

한 쪽 구석의 어느 한 수에서 시작해 길을 따라 가며 얻은 5개의 수를 모두 더할 때, 만들 수 있는 가장 큰 수는 얼마일까?
(단, 되돌아갈 수 없으며, 시작한 위치의 수를 포함한다.)

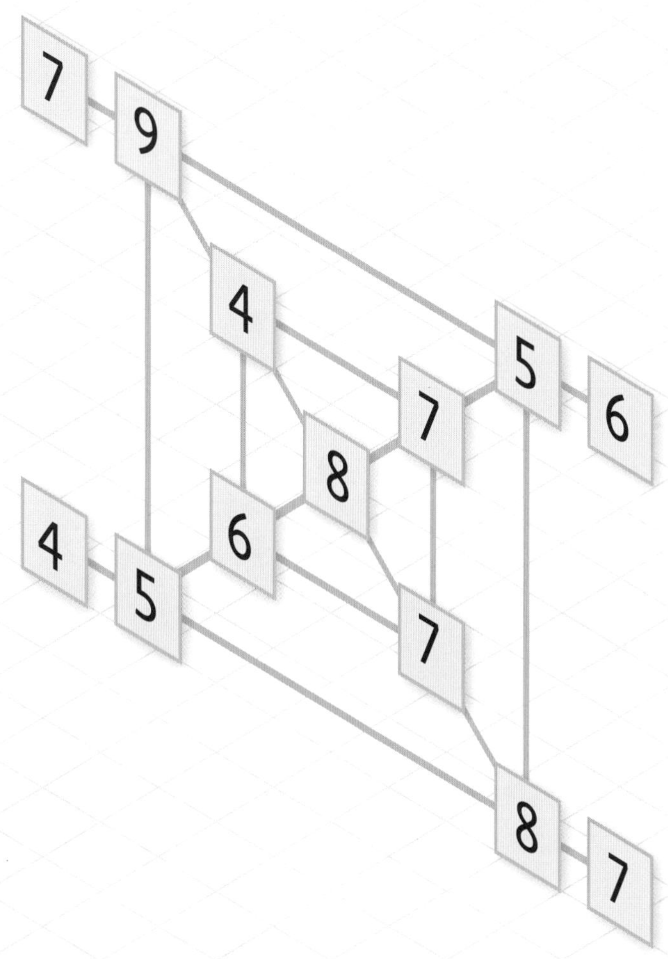

정답 203쪽

133

난이도★★★

다음 그림에는 10명이 도심의 서로 다른 위치에 있는 곳을 표시해두었다. 이때 약속 장소를 어디로 정하면 이동거리의 합이 최소가 될까?

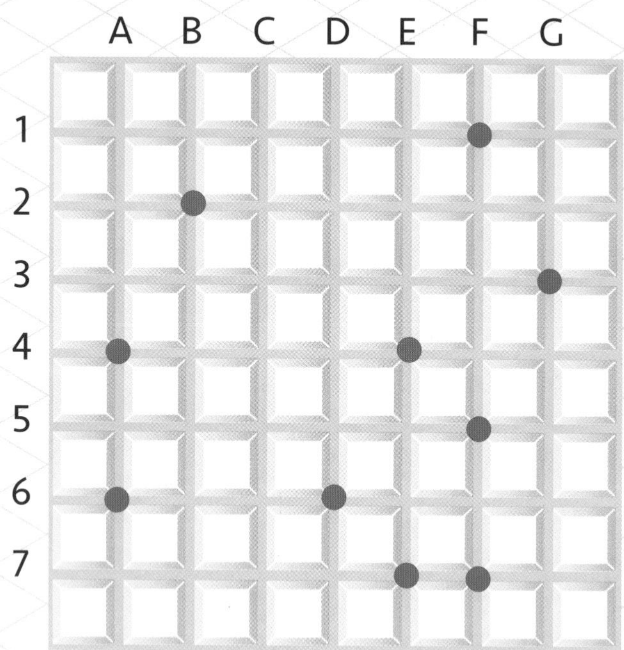

134

난이도★★★

여러 친구들이 하루 동안 서바이벌 게임에 참가하였다. 철수가 장군의 역할을 맡아 매 시간 친구들에게 진급과 강등을 다음과 같이 하였다. 누가 가장 많이 진급했고, 계급은 무엇일까?

0시: 모두 이등병에서 시작한다.

1시: 동환은 1계급 진급한다. 재상은 2계급, 현수는 4계급, 승우는 8계급을 진급한다.

2시: 영희는 병장으로 진급하고, 태양은 영희보다 2계급 진급하고, 선영은 태양보다 4계급 강등된다.

3시: 태양과 승우는 2계급씩 진급하고, 선영은 1계급 진급한다. 영희는 1계급 강등된다.

4시: 재상은 1계급 강등되고, 영희는 이등병으로 강등되고, 현수는 대위로 진급한다.

5시: 1시에 진급했던 사람은 모두 1계급씩 다시 진급한다.

6시: 태양은 2계급 진급하고, 선영은 4계급 진급하고, 영희는 1계급 진급한다.

7시: 승우는 4계급 강등되고, 재상은 3계급 진급하고, 영희는 2계급 진급하고, 현수는 1계급 진급한다.

1	장군
2	준장
3	대령
4	중령
5	소령
6	대위
7	중위
8	소위
9	병장
10	상병
11	일등병
12	이등병

135

난이도★★★

다음 그림에서 A가 B와 짝이라면, 그림 C는 누구와 짝을 이룰까?

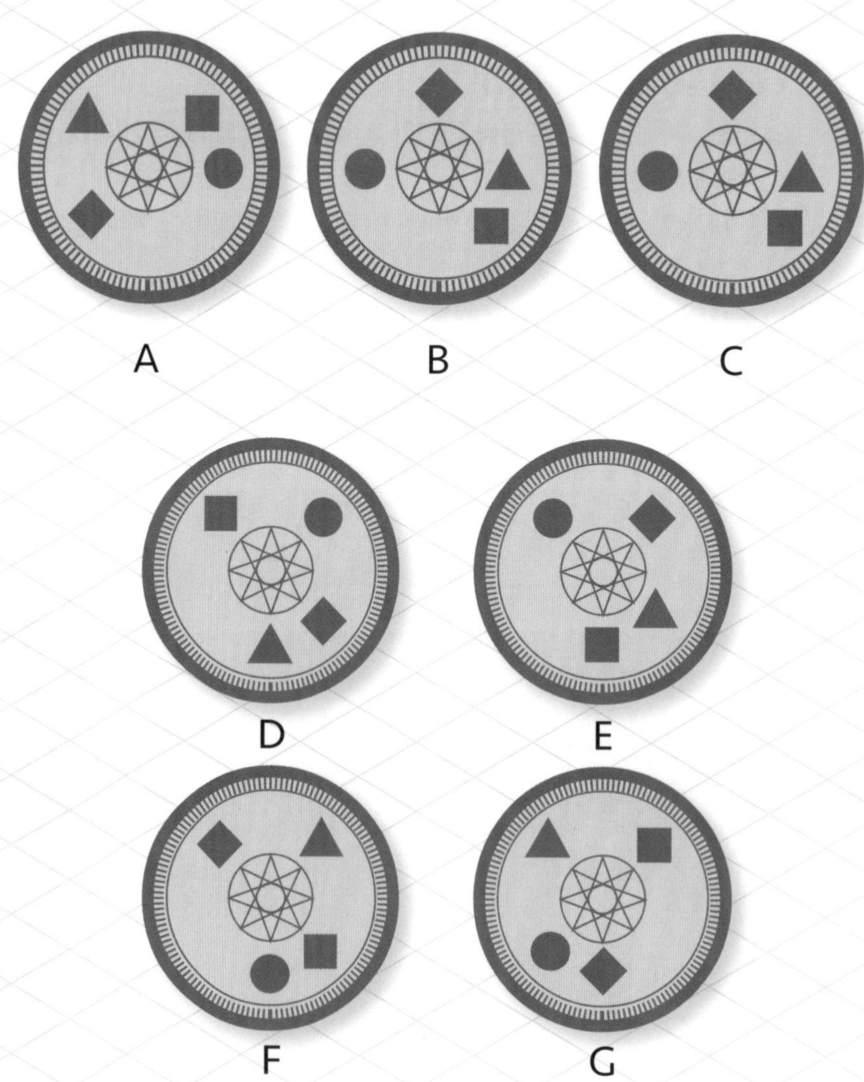

136

난이도★★★

세 명의 학생이 6과목 중에서 4과목씩 수강한다. 6과목은 수강생이 각각 두 명씩이다. 누가 물리학을 수강할까?

만약 영희가 수학을 수강한다면, 공학도 수강한다. 만약 영희가 공학을 수강한다면, 프로그래밍은 수강하지 않는다. 만약 영희가 프로그래밍을 수강한다면, 일본어는 수강하지 않는다.

만약 채원이가 프로그래밍을 수강한다면, 일본어도 수강한다. 만약 채원이가 일본어를 수강한다면 수학은 수강하지 않는다. 만약 채원이가 수학을 수강한다면, 전자공학은 수강하지 않는다.

만약 수지가 전자공학을 수강한다면, 수학은 수강하지 않는다. 만약 수지가 수학을 수강하지 않는다면 일본어를 수강한다. 만약 수지가 일본어를 수강한다면, 프로그래밍은 수강하지 않는다.

정답 204쪽

137

난이도★★★

다음 사각형 안에 3개의 원을 그려 각각의 원 안에 삼각형과 사각형 하나씩, 오각형 또는 타원이 하나씩만 포함하도록 하시오.

(단, 두 개의 원이 동일한 세 도형을 포함하지는 않는다.)

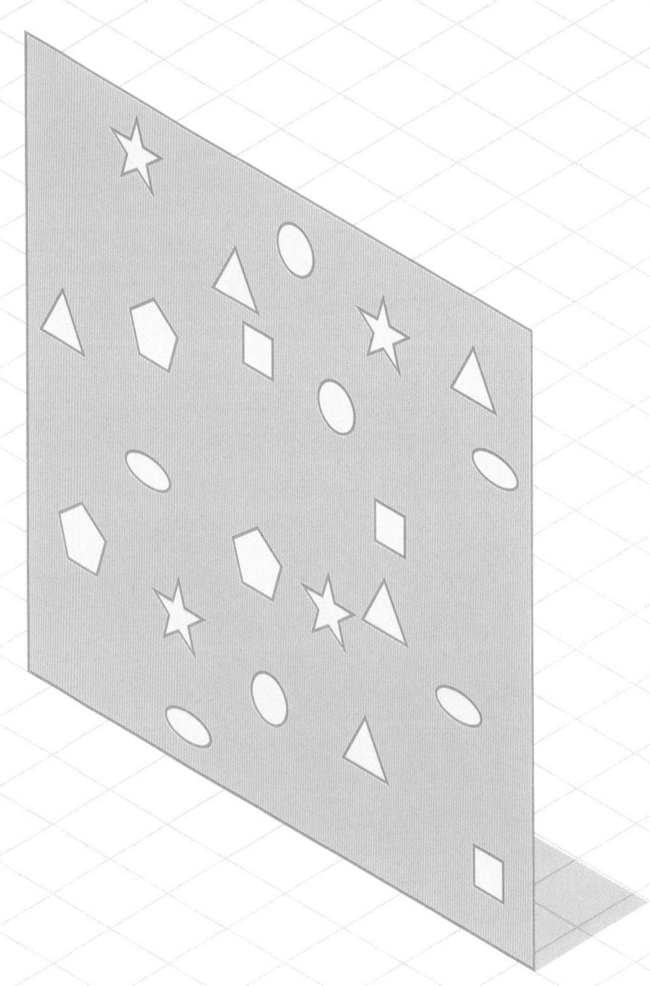

정답 204쪽

다음 시계들은 특정 논리에 따르고 있다. 5번째 시계는 몇 시일까?

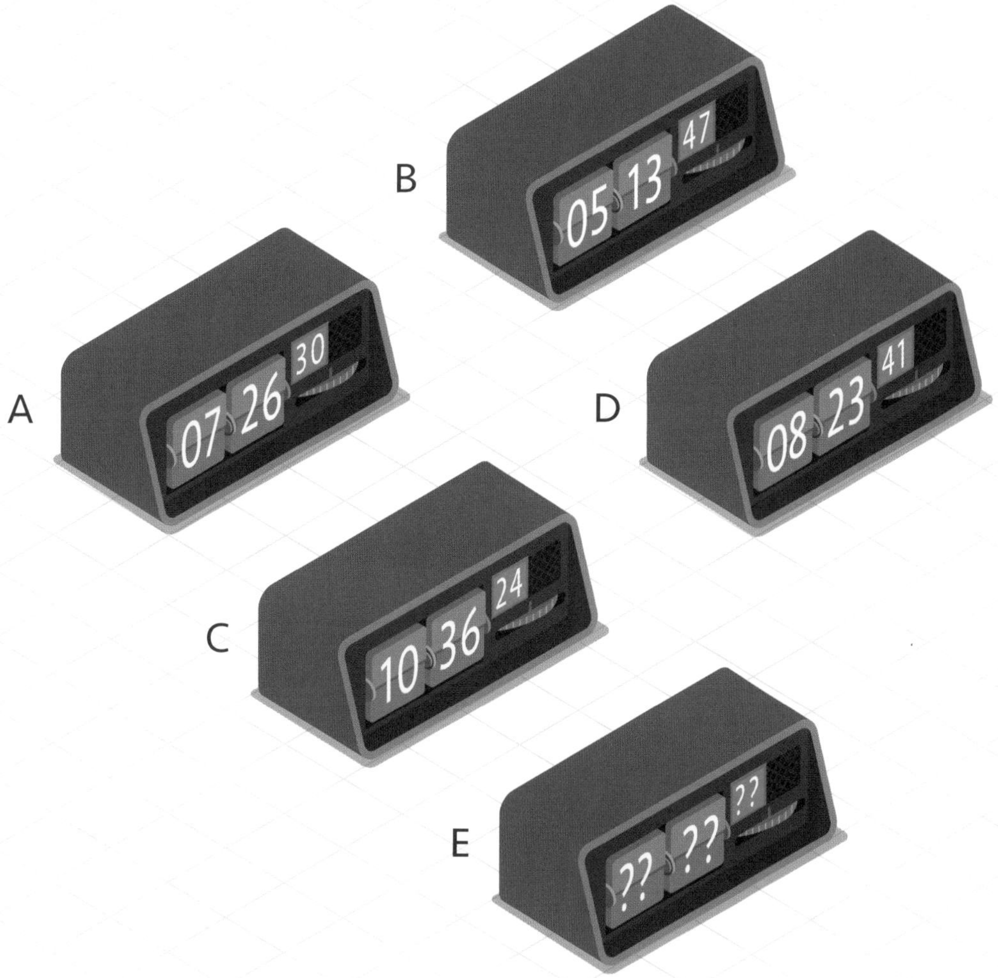

B 05 13 47

A 07 26 30

D 08 23 41

C 10 36 24

E ?? ?? ??

139

난이도★★★

아래의 보기 그림들 중 하나에 원을 하나 추가할 때, 다음 그림처럼 원이 두 개인 조건을 만족시키는 것은 어느 것일까?

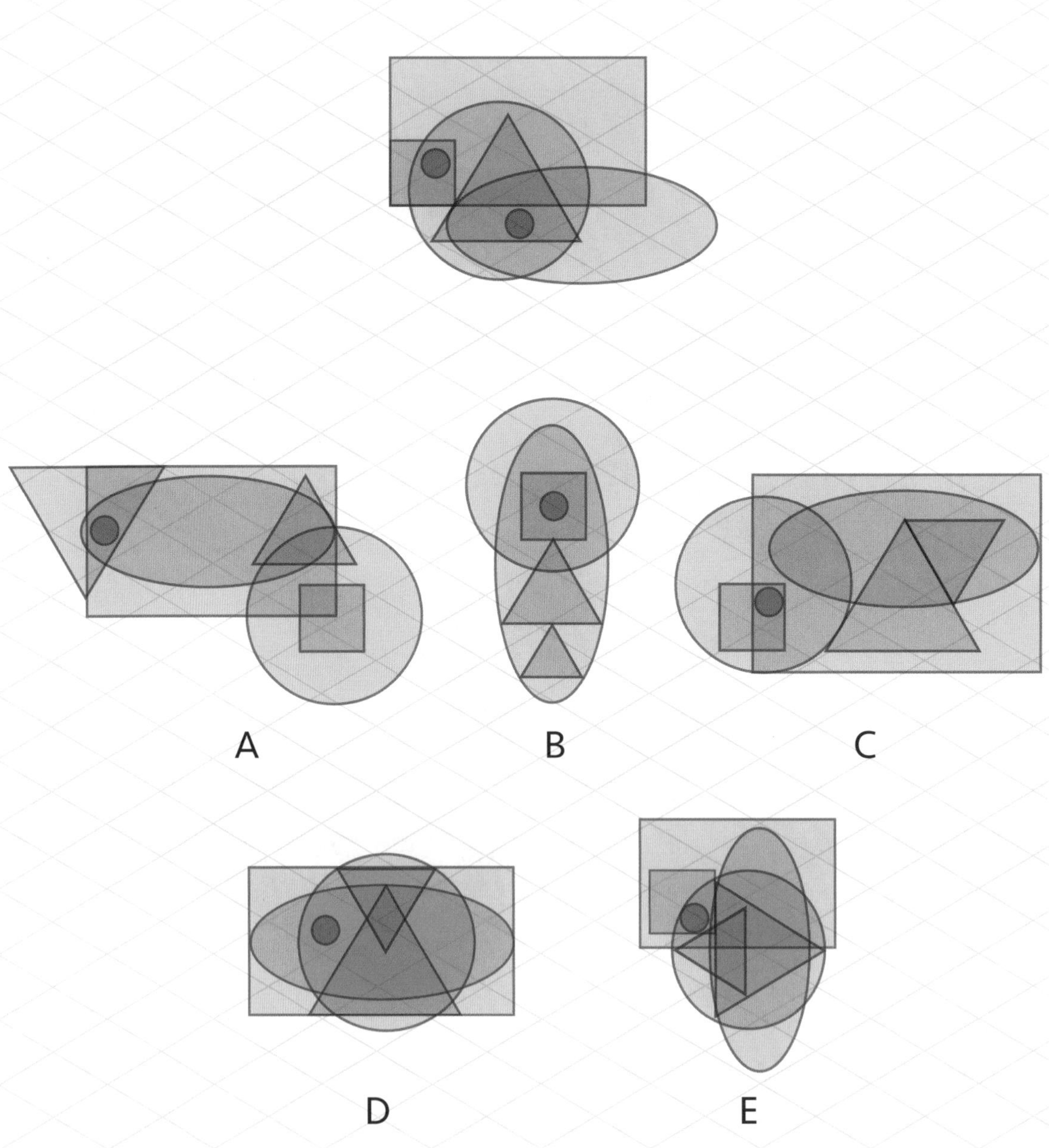

140

난이도★★★

다음 격자판에는 특정 논리에 따라 숫자가 적혀 있다. 물음표에 들어갈 알맞은 숫자는 무엇일까?

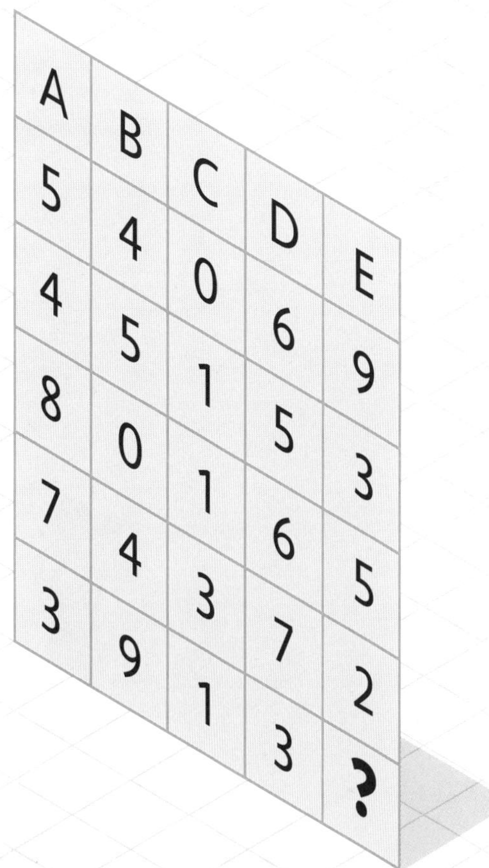

정답 205쪽

114명의 새 관찰자 중에서 86명은 물총새를 보았고, 77명은 휘파람새를 보았으며, 99명은 홍학을 보았고, 26명은 기러기를 보았으며, 57명은 물떼새를 보았다. 다섯 가지 새 중에서 두 가지 새만 본 사람의 최소 숫자는 몇 명일까?

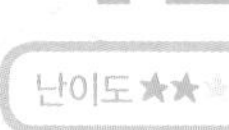

다음 격자판의 각 도형에는 일정한 값이 있다. 물음표에 들어갈 알맞은 숫자는 무엇일까?

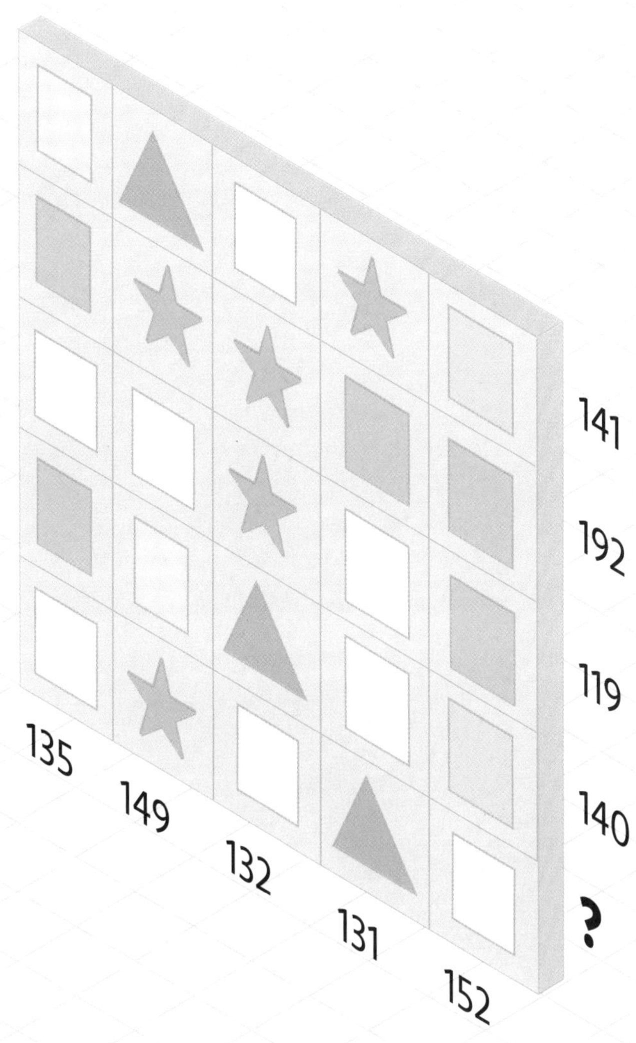

143

난이도★★★

다음 중 다른 것은 어느 것일까?

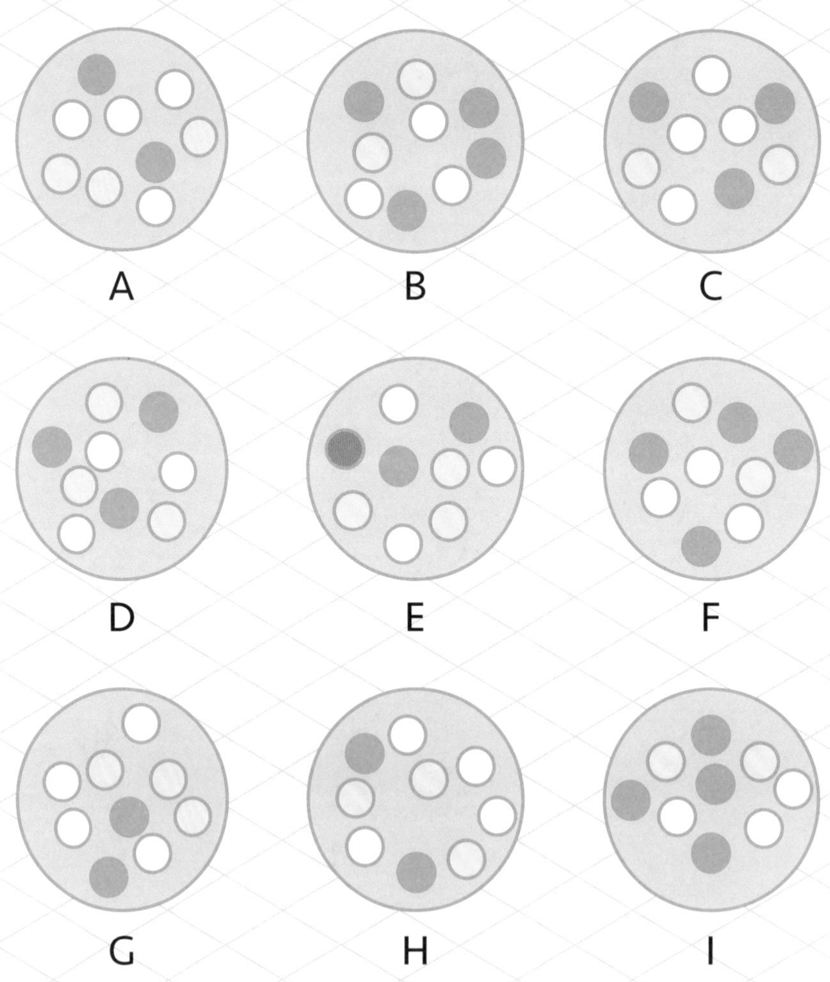

144

난이도 ★★☆

다음 다이어그램은 특정 논리에 따르고 있다. 맨 위에 있는 삼각형에 들어갈 알맞은 기호는 무엇일까?

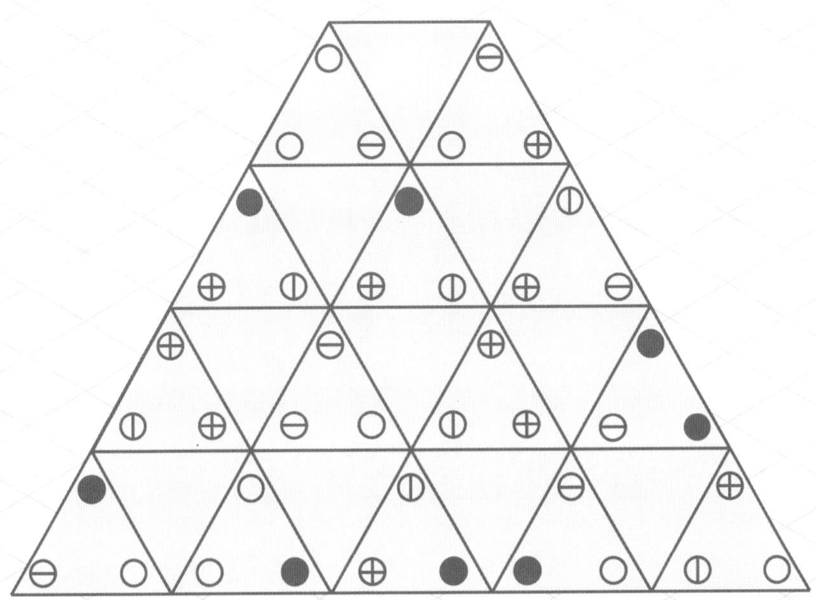

145

난이도★★★

다음 일련의 지시를 따르고, 마지막에 숫자 8이 나오도록 하고 싶다. 그런데 제대로 작동하지 않았다. 어느 단계를 수정하면 될까?

1. 어떤 숫자를 선택하고, 기록한다.
2. 마지막 쓴 숫자에서 1을 빼고, 그 결과를 기억한다.
3. 기억한 수를 기록한다.
4. 마지막으로 기록한 수에서 3을 곱하고, 그 결과를 기억한다.
5. 기억한 수를 기록한다.
6. 마지막으로 기록한 수에서 12를 더하고, 그 결과를 기억한다.
7. 기억한 수를 기록한다.
8. 마지막으로 기록한 수를 2로 나누고, 그 결과를 기억한다.
9. 기억한 수를 기록한다.
10. 마지막으로 기록한 수에 5를 더하고 그 결과를 기억한다.
11. 기억한 수를 기록한다.
12. 마지막으로 기록한 수에서 처음으로 기록한 수를 빼고 그 결과를 기억한다.
13. 기억한 수를 기록한다.
14. 마지막으로 기록한 수가 8이면 '성공'이라고 말하고, 그렇지 않으면 '실패'라고 말한다.
15. 끝

| 정답 205쪽

146

난이도★★☆

다음 시계들은 일정한 규칙에 따르고 있다. 4번째 시계의 시침은 어디를 가리킬까?

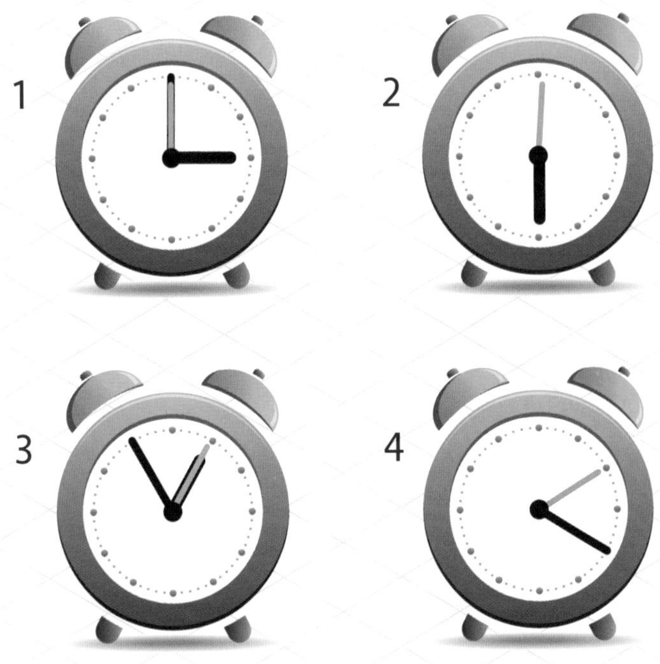

정답 205쪽

147

난이도★★★

다음 다섯 조각 중 네 조각을 이용해 정다각형을 만들 수 있다. 남는 하나는 어느 것일까?

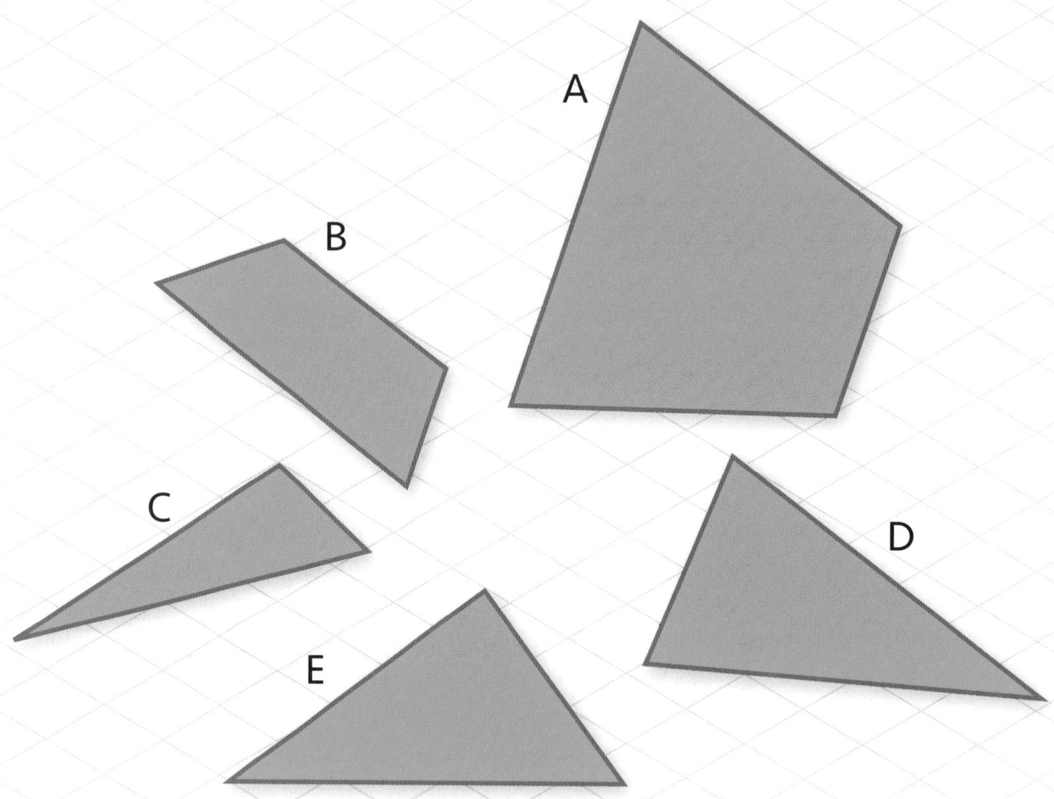

148

난이도★★★

다음 성냥개비는 세 개의 삼각형을 나타내고 있다. 성냥개비 2개를 이동하여 삼각형을 모두 제거하는 방법은 무엇일까?

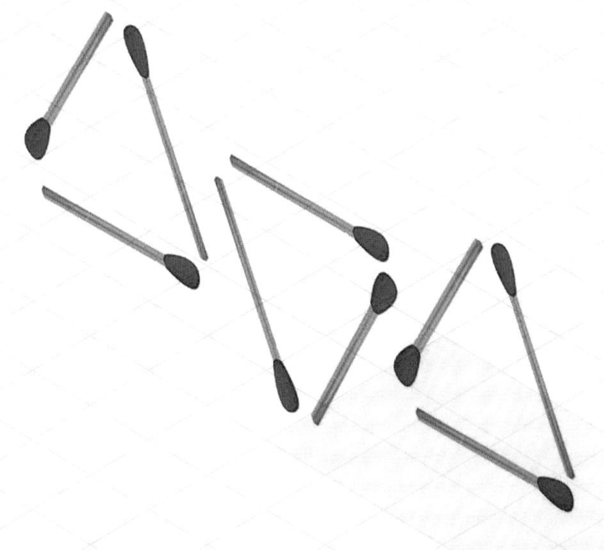

정답 205쪽

세 명 A, B, C가 순서대로 서 있다. 이 중 한 명은 항상 거짓을 말하고, 한 명은 항상 진실만을 말하며, 나머지 한 명은 때로는 진실을 때로는 거짓을 말한다. 이들에게 '예/아니오'로 답하는 문제를 사람을 지정하여 질문할 수 있다. 세 번의 질문으로 '항상 진실'을 찾을 수 있을까?

'항상 거짓'은 항상 거짓을 말하는 사람
'항상 진실'은 항상 진실을 말하는 사람
'때로는 진실'은 때로는 진실을 때로는 거짓을 말하는 사람

150

난이도 ★★☆

5개의 구간으로 이루어진 달리기 대회가 열렸다. 각 구간의 거리와 상위 5명의 참가자의 평균 속도(m/s)가 다음 표와 같을 때, 누가 이겼을까? 또 그 기록은 얼마일까?

(단, 계산기를 활용하세요.)

	구간	A–B	B–C	C–D	D–E	E–F
참가자	거리	2.4km	2.6km	2.5km	2.7km	2.3km
V		4.65	4.52	4.32	3.81	5.23
W		4.67	4.51	4.35	3.79	5.22
X		4.71	4.49	4.31	3.80	5.24
Y		4.68	4.51	4.29	3.82	5.23
Z		4.72	4.52	4.30	3.79	5.21

정답 206쪽

151

난이도 ★★★

다음 숫자들의 위치를 재배열하여 등식을 완성하시오.
(단, 다른 수학 연산 기호는 추가하지 않는다.)

6 6 = 2 3 4

152

난이도★★★

다음과 같이 각 저울이 균형을 이루고 있다. 물음표에 들어갈 공의 개수는 얼마일까?

153

난이도 ★★★

10명이 도심에서 서로 다른 장소에 갔다가 한 곳에서 만날 예정이다. 10번째 사람이 어느 지점에 있으면 10명의 전체 이동거리가 최소가 될까?

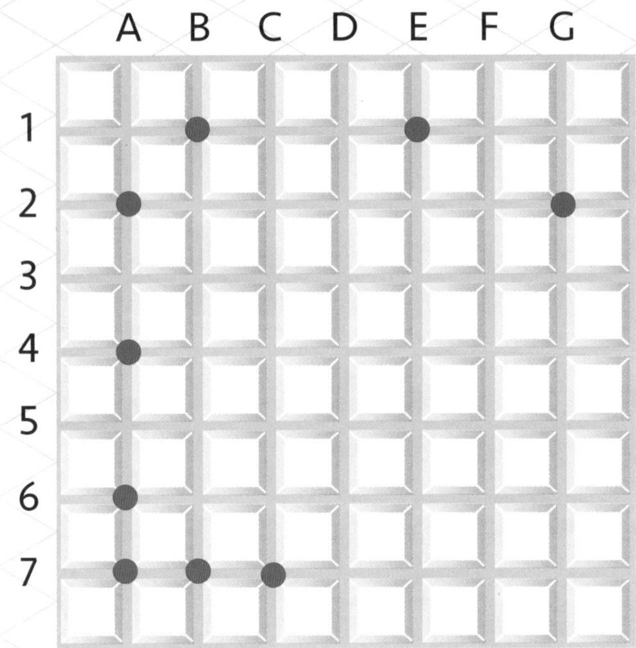

154

난이도★★★

다섯 명이 평생학교 등록을 위한 면접을 보기 위해 줄을 서 있다. 어디서 온 사람이 역사를 공부하려고 할까?

남원에서 온 사람은 부동산 중개인이고, 부산에서 온 사람은 철학을 공부하고 싶어 하며, 영희는 영주에서 왔다. 철수는 교사이며, 회계사 바로 앞에 줄을 서 있다. 빨강색 바지를 입은 사람은 사회학을 공부하려고 한다. 수의사는 검정바지를 입었고, 리안은 줄의 한가운데 서 있다. 하남에서 온 사람은 줄의 첫 번째에 서 있다. 노란색 바지를 입은 사람은 고고학을 공부하려는 사람 바로 앞 또는 바로 뒤에 줄을 서 있다. 검정색 바지를 입은 사람은 심리학을 공부하려는 사람 바로 앞 또는 바로 뒤에 줄을 서 있다. 도언이는 회색 바지를 입었으며, 경주에서 온 사람은 갈색 바지를 입었다. 하남에서 온 사람은 헬스코치 바로 앞 또는 바로 뒤에 줄 서 있다. 채원이는 노랑색 바지를 입은 사람 바로 앞 또는 바로 뒤에 줄을 서 있다.

정답 206쪽 |

155

난이도★★★

세 개의 문이 있고, 그 중 두 개는 악당이 숨어 있는 위험한 문이다. 각각의 문에는 안내문이 붙어 있다. 그러나 그 중 둘 이상이 거짓이다. 어떤 문을 열어야 할까?

안내문 A: 이 문은 위험하다.
안내문 B: 이 문은 안전하다.
안내문 C: 문 B는 위험하다.

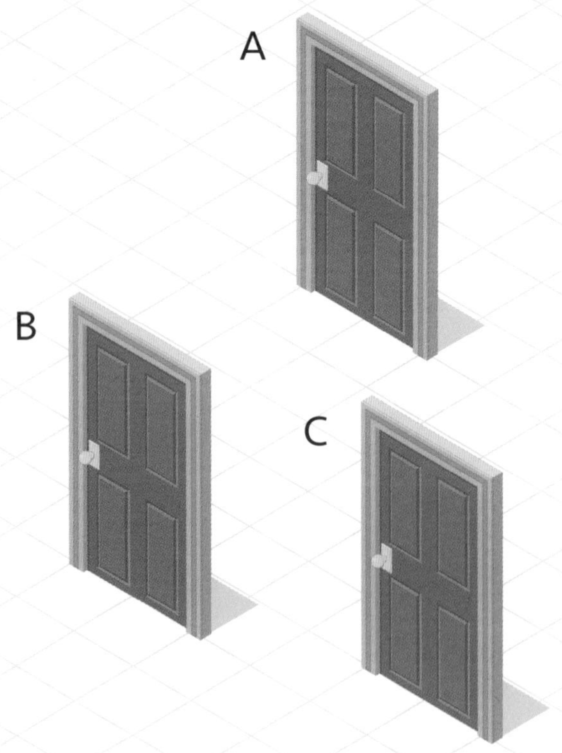

 | 정답 206쪽

156

난이도★★★

다음 블록 판은 특정 논리에 따르고 있다. 비어 있는 나머지 한 개의 블록은 어떤 모양일까?

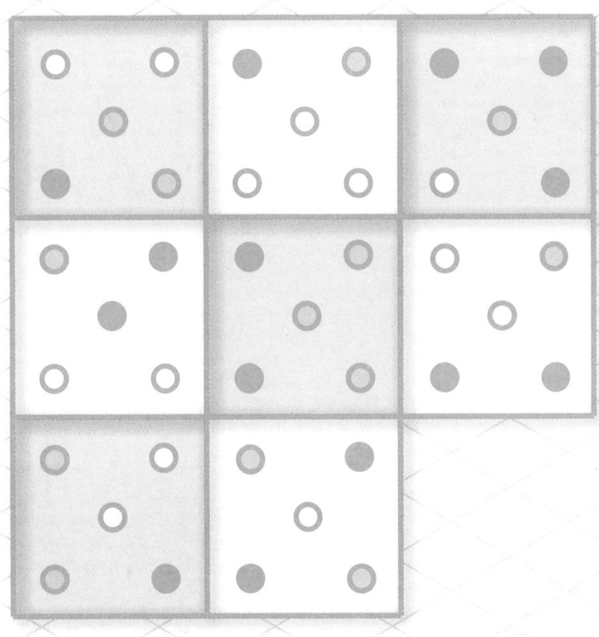

157

난이도★★★

다음 원판에는 특정 논리에 따라 숫자가 적혀 있다. 물음표에 들어갈 알맞은 숫자는 무엇일까?

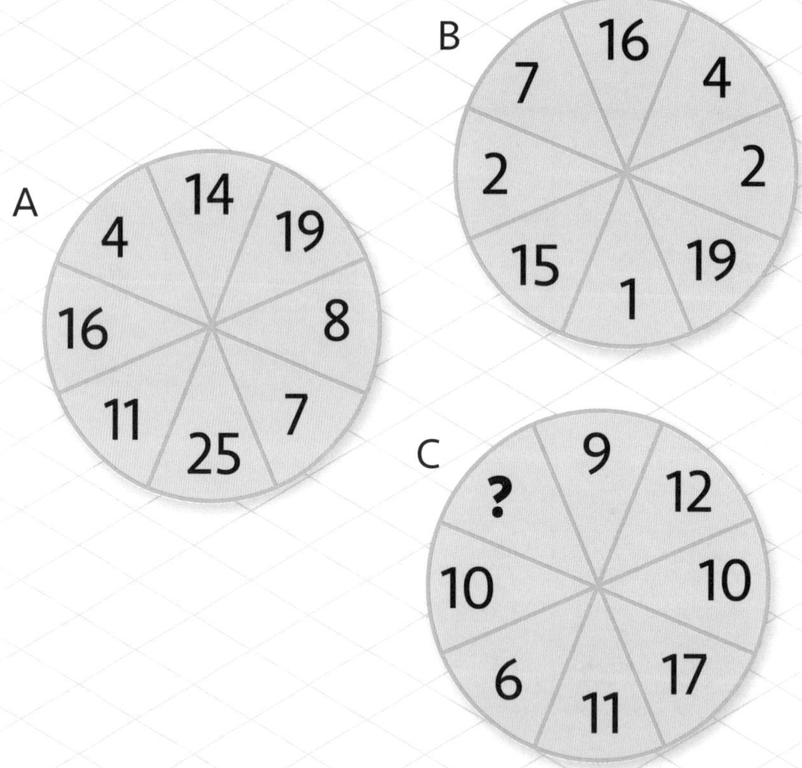

158

난이도 ★★★

다음 수열은 특정 논리에 따르고 있다. 물음표 열에 들어갈 알맞은 숫자는 무엇일까?

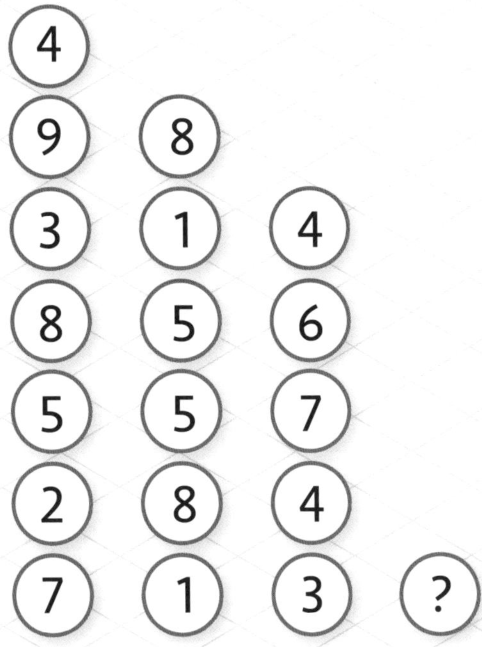

정답 206쪽

159

난이도★★★

다음과 같이 바깥에 위치한 네 개의 원에 있는 기호를 안에 있는 원으로 전송하는 장치가 있다.

특정 위치에 한 번 나타날 경우에는 그대로 전송된다.
두 번 나타날 경우에는 그 위치에서 다른 기호가 전송되지 않으면 전송된다.
세 번 나타날 경우에는 그 위치에 한 번만 표시되는 기호가 없으면 전송된다.
네 번 나타날 경우에는 전송되지 않는다.

동일한 횟수의 기호가 경쟁하는 경우, 우선 순위가 높은 기호가 전송된다. 우선 순위는 상단좌측, 상단우측, 하단좌측, 하단우측의 순이다. 가운데 원에 전송된 모양은 무엇일까?

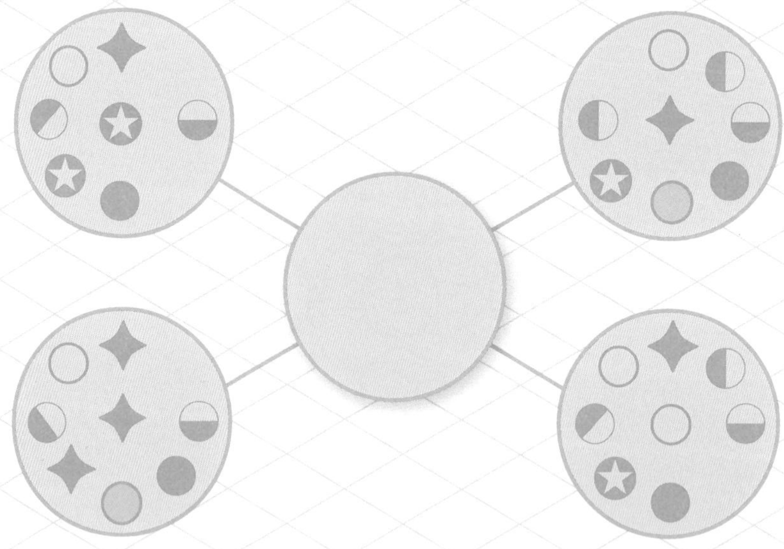

160

난이도★★★

다음 낱말판에서 'MAMMAL'을 찾아보시오.

(단, 'MAMMAL'은 한 번만 쓰여 있으며, 가로줄 또는 세로줄 또는 대각선으로 놓여 있다.)

161

난이도 ★★★

지구의 적도를 둘러싸고 있는 철로가 한 쌍 있다고 상상해보자. 두 기차가 서로 반대 방향으로 운행하고, 하루에 지구 한 바퀴를 돌 때, 어느 기차의 바퀴가 더 빨리 마모될까?

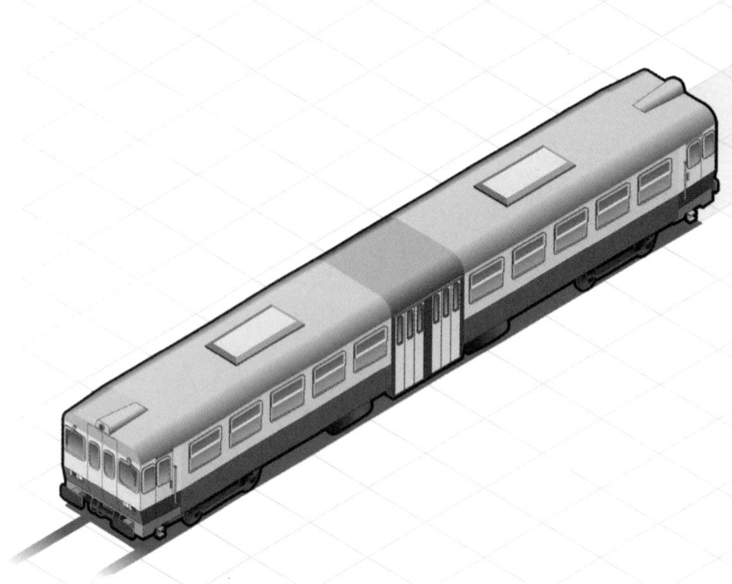

162

난이도★★★

다음 그림은 특정 논리에 따르고 있다. 물음표에 들어갈 알맞은 숫자는 무엇일까?

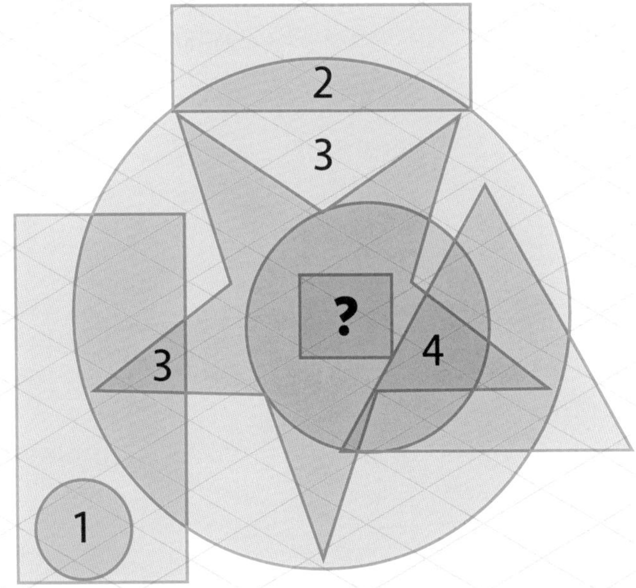

163

난이도★★★

철수와 진우는 영희의 생일을 알고 싶다. 영희의 생일은 다음 날짜 중 하나이고, 영희는 자신의 생일이 몇 월인지는 철수에게만 알려주고, 며칠인지는 진우에게만 알려주었다. 영희의 생일은 몇 월 며칠일까?

철수: 난 영희의 정확한 생일을 모르고, 진우도 마찬가지로 정확한 생일을 모른다. (1)

진우: 철수의 발언을 듣고 나니, 나는 영희의 생일을 알 수 있다. (2)

철수: 진우의 발언을 듣고 나니, 이제 나도 영희의 생일을 알 수 있다. (3)

2월		5												
3월	2													
4월				7								16		
5월											15	16		22
6월			6										17	
7월										14		16		
8월										14	15		17	
9월					9				13					
10월							11	12		14				
11월						10								

 | 정답 207쪽

164

난이도★★★

다음 삼각형에는 특정 논리에 따라 문자가 적혀 있다. 물음표에 들어갈 알맞은 문자는 무엇일까?

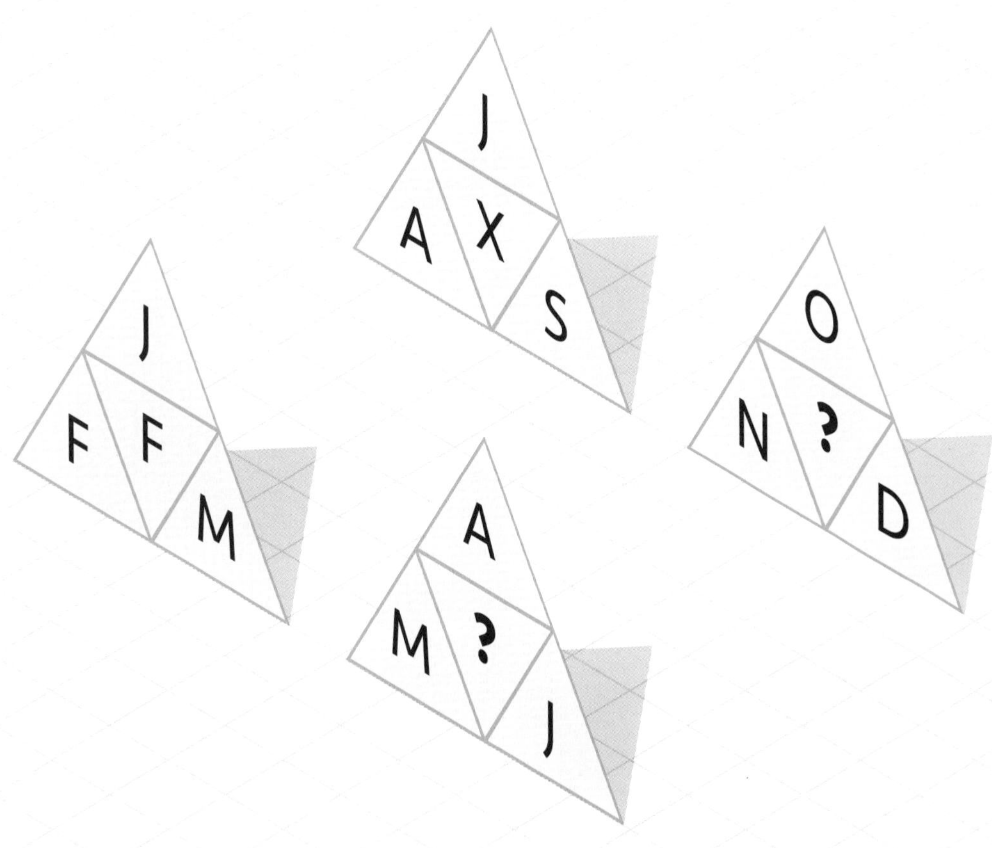

정답 207쪽

165

난이도 ★★★

아래 28개의 타일을 이용하여 다음과 같은 숫자판을 완성하시오.

4	1	0	6	6	3	3	1
5	5	0	1	1	0	4	4
5	6	2	3	6	4	6	2
0	2	2	4	3	3	0	4
0	5	2	1	6	4	3	5
0	6	5	0	1	1	1	5
2	4	5	6	2	2	3	3

0 0

0 1 · 1 1

0 2 · 1 2 · 2 2

0 3 · 1 3 · 2 3 · 3 3

0 4 · 1 4 · 2 4 · 3 4 · 4 4

0 5 · 1 5 · 2 5 · 3 5 · 4 5 · 5 5

0 6 · 1 6 · 2 6 · 3 6 · 4 6 · 5 6 · 6 6

166

난이도★★★

5명의 사기꾼은 2인 강도 사건에 가담한 것으로 의심된다. 각각은 진술을 한 번씩 했지만, 이 진술 중 3개는 거짓이다. 거짓을 말하는 세 사람은 결백하다. 누가 범인일까?

A: B는 무죄이다.
B: A와 C는 유죄이다.
C: D는 유죄이다.
D: C는 진실을 말하고 있다.
E: C는 무죄이다.

167

난이도 ★★☆

아래 연속된 세 개의 그림 다음에 올 수 있는 것은 다음 중 어느 것일까?

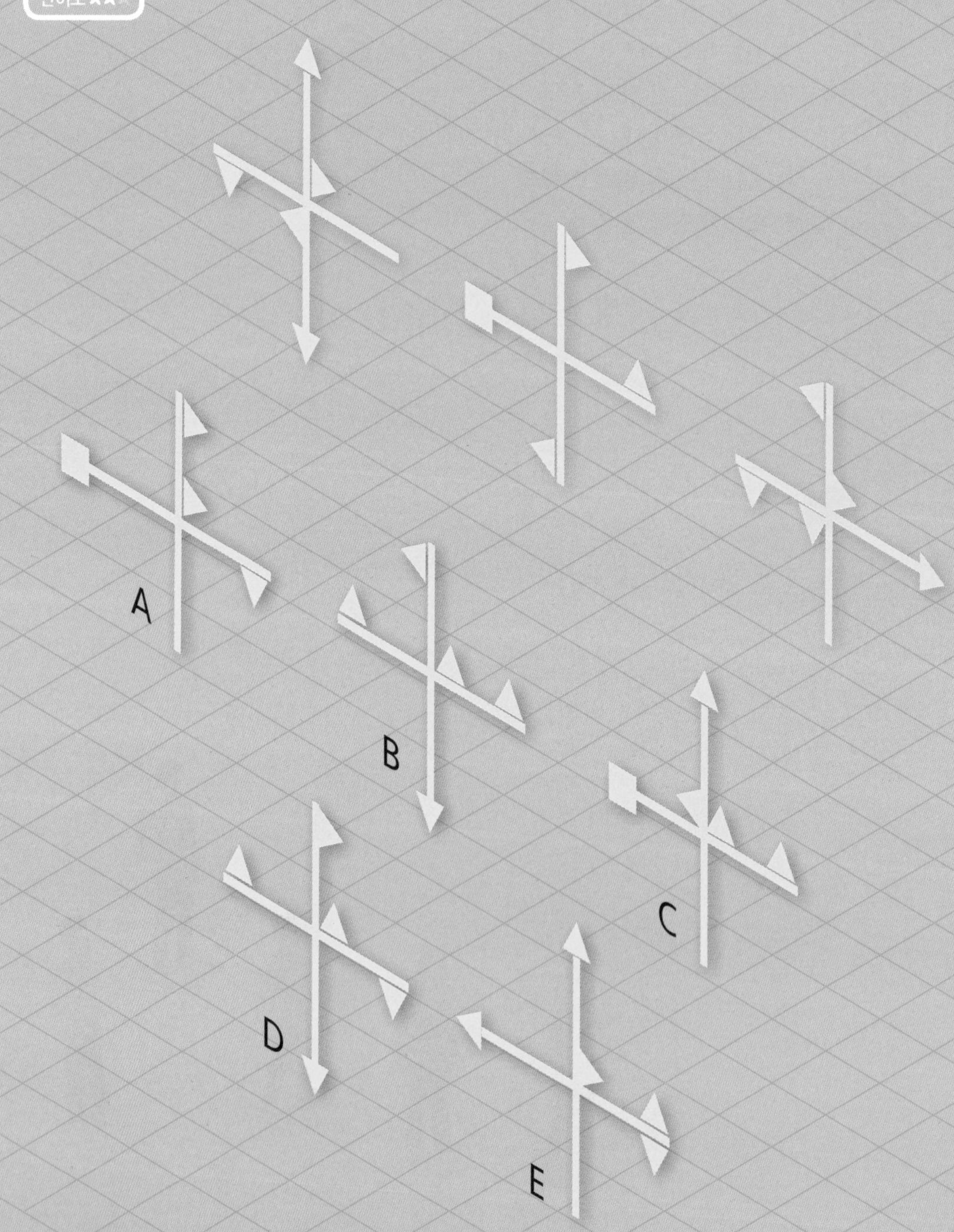

3×3 격자판의 정사각형 중 하나가 잘못되었다. 다음 중 어느 것일까?

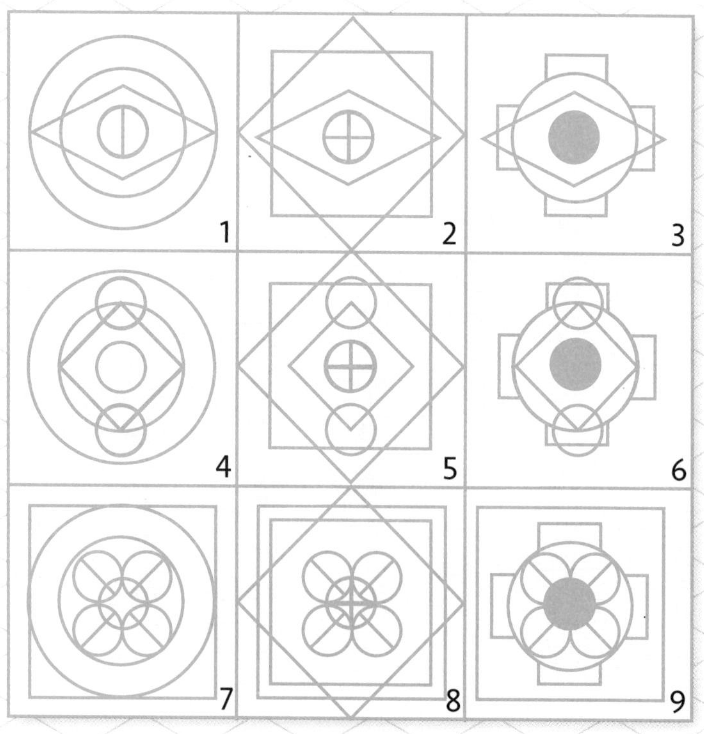

169

난이도★★★

다음 나눗셈 계산에서 각각의 기호는 서로 다른 숫자를 나타낸다. 이 계산은 어떤 수의 나눗셈일까?

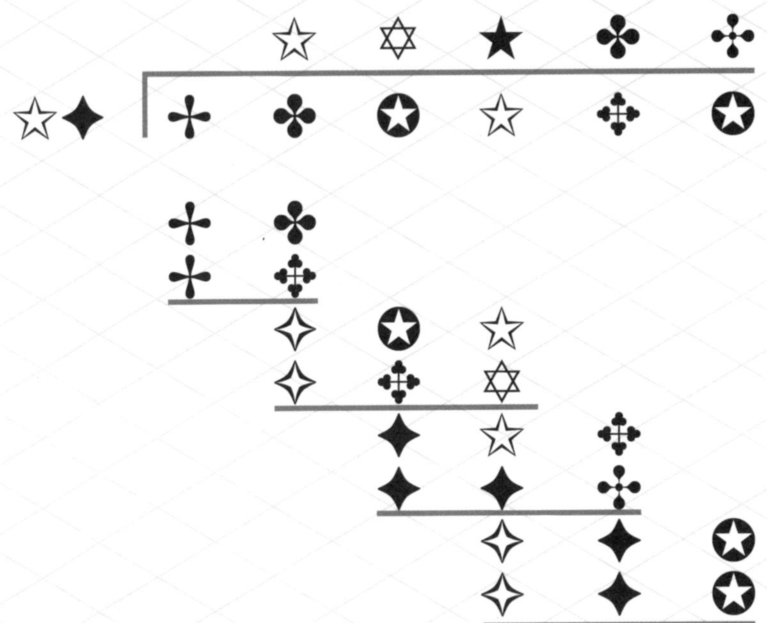

170

난이도★★★

아래의 타일은 5x5 격자판에서 가져온 것이다. 이 타일들을 정확하게 재조립한다면 가로줄과 세로줄의 다섯 자리 수의 배치는 같다. 이 타일들을 이용하여 5x5 격자판을 완성하시오.

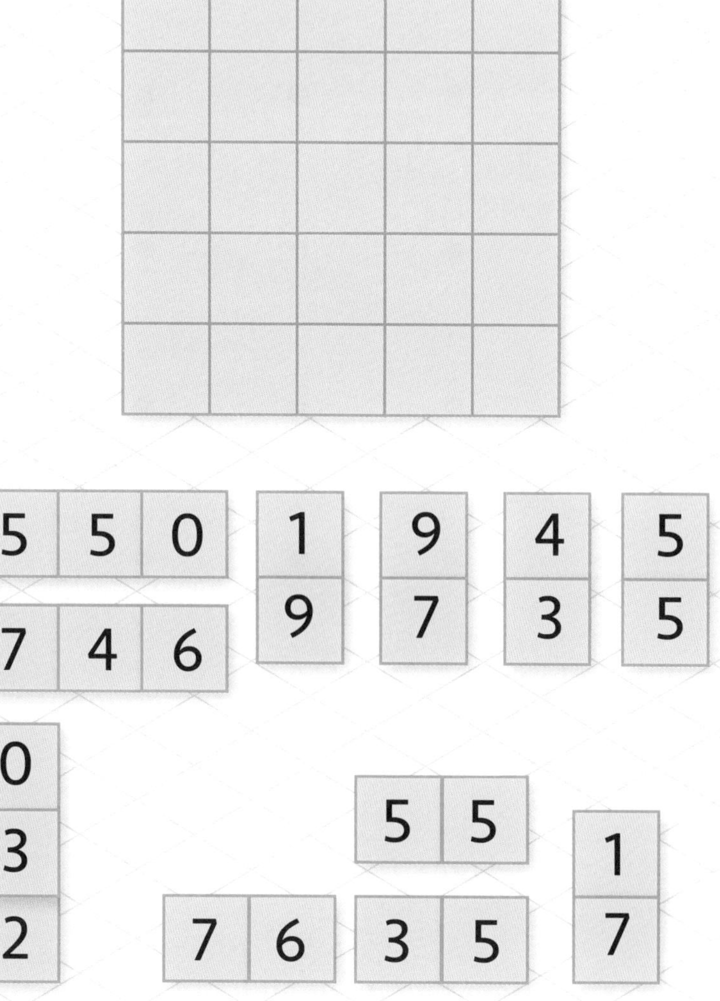

171

난이도★★★

그림과 같이 간격이 1인 격자점 16개가 놓여 있다. 세 격자점을 꼭짓점으로 하는 이등변삼각형의 개수는 모두 몇 개일까?

다음 격자판은 특정 패턴에 따르고 있다. 격자판의 빈 부분을 채워보시오.

난이도 ★★

멘사 수학
논리 테스트

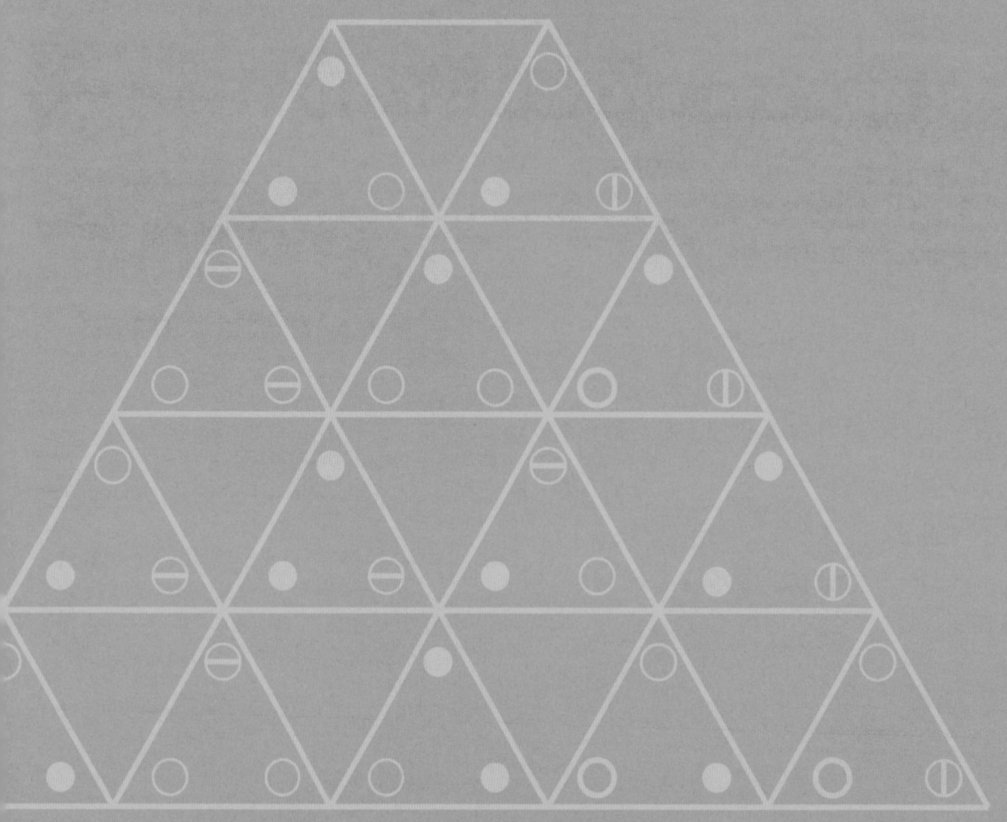

정답

01

2	0	0	6	5	3	3	0
3	6	5	4	0	1	1	3
2	0	2	2	4	5	3	6
4	6	5	5	2	5	5	0
2	2	1	0	4	0	6	3
6	6	3	4	4	2	1	5
4	1	3	1	4	6	1	1

02 **4단계에서 주변에 주차된 차량이 있다면 보행자가 계속 정지해 있게 된다.**

03 **A: 7−6×5÷15+18=23**

B: 9+(7×7+3)÷13=13

C: (8×9÷12+14)÷5=4

04

○	◐	◑
●	○	◑
●	○	◐

첫줄 왼쪽에서 오른쪽으로 11개로 이루어진 그림 패턴이 반복된다.

05 **B**

안내문 A보다 안내문 B가 일반적인 문장이므로, A가 참이면 B도 참이다. 한 문장이 거짓이므로 모순이다. 따라서 A는 거짓이다. 안내문 A가 거짓이므로, 문 B가 안전하다.

06 **S**

알파벳 A~Z에 1~26의 수를 대입한 다음, 문자에 대응하는 숫자값을 더하여 가운데 칸에 그 숫자에 해당하는 문자를 적는다.

A	B	C	D	E	F	G	H	I	J	K	L	M
1	2	3	4	5	6	7	8	9	10	11	12	13
N	O	P	Q	R	S	T	U	V	W	×	Y	Z
14	15	16	17	18	19	20	21	22	23	24	25	26

첫 번째 삼각형 R(18)+A(1)+T(20)=(39)=(13)=M

두 번째 삼각형 O(15)+W(23)+L(12)=(50)=(24)=×

네 번째 삼각형 F(6)+O(15)+×(24)=(45)=(19)= S

07 **5**

E=B

08 **A: 260점, B: 220점, C: 200점**

A는 첫 번째 진술이 거짓이고, B는 두 번째 진술이 거짓이며, C는 세 번째 진술이 거짓이다.

09 **Y**

10

0	2	8	5	4
2	3	5	7	9
8	5	6	3	4
5	7	3	0	2
4	9	4	2	3

11

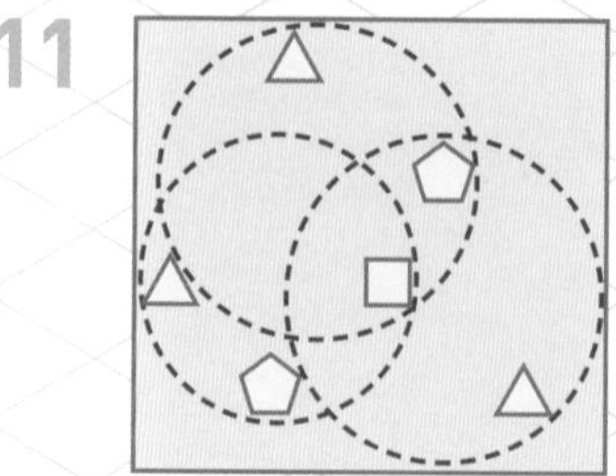

12 **C4**

13 **4번 책상**

1 혜린	2 수진	3 선영	4 희선	5 고은
10 철수	9 원준	8 태현	7 승우	6 현수

14

15 17

소수가 나열되어 있다.

16 두 사람은 서로 체스를 두고 있지 않다. 즉 다른 사람과 체스를 두고 있다.

17 9

7−2+4=9

18

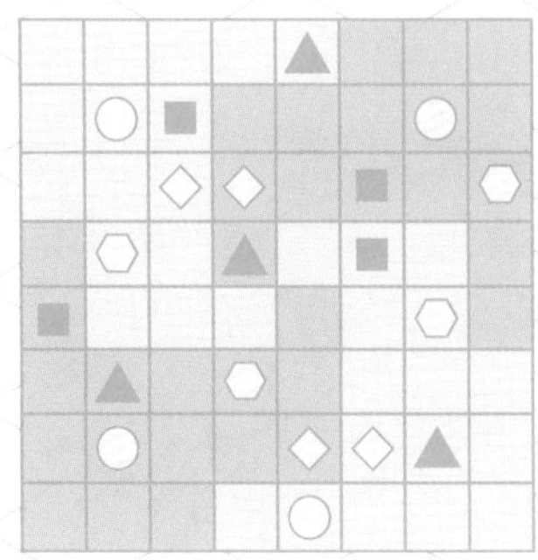

19 104

소수 2, 3, 5, 7, 11, 13, 17,… 만큼씩 커지고 있다.

20

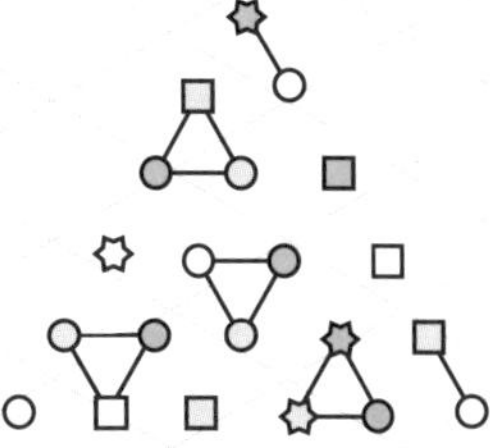

21

	6	7	4	8				9		7	1	9
	9			4		8		6	3	1		3
6	9	3	0	3	9	5	2	9		3	6	6
8		4				1		3				1
4	5	2			3	5	4	6	4	3	6	3
1		6				6		3		0		5
		5	6	9	4	2	9	5	0	3		9
4	7	5		7		7		2		9		6
	9		1	8	7	0				5	6	6
	0			0			3	8	2	2		
	8	2	1	4	6	5		1		6	6	2
		6		3		6		4		4		3
2	5	1		6	4	3	6	5	4	9	7	0

22 C

항상 거짓을 말하는 사람은 스스로 거짓을 말한다고 말하지 않는다.(왜냐하면 스스로 거짓을 말한다고 하면 그 말이 진실이 되기 때문이다.) 마찬가지로 항상 진실을 말하는 사람도 스스로 거짓을 말한다고 말하지 않는다. 따라서 B가 한 말은 거짓이다. 그러므로 C의 말은 진실이다.

23

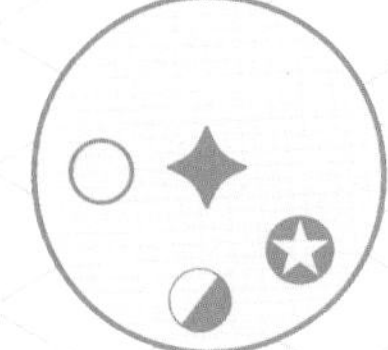

24 18

A×B=C

25 2

1~26의 수를 알파벳 A~Z에 대입하면, 각각의 숫자는 'Tumbler'를 나타낸다.

26 203840÷14=14560

27 80%

28 C

29

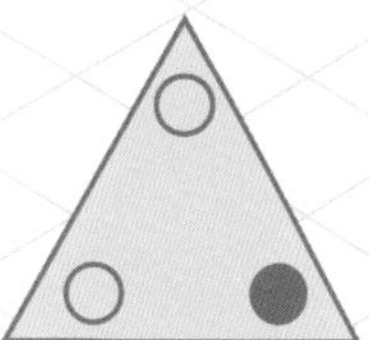

아래 두 삼각형의 같은 위치에 있는 두 기호에 따라 기호가 결정된다.

30 종이봉투 B

종이봉투 B에 진주 또는 구슬이 들어 있다. 여기에 진주를 1개 넣었을 때, 종이봉투 안의 경우의 수는 다음과 같다.

(진주, 진주) 1가지

(진주, 구슬) 1가지

여기서 임의로 1개를 꺼냈을 때의 경우의 수는 다음과 같은 네 가지 경우다.

(진주), 진주 1가지

(진주), 진주 1가지

(진주), 구슬 1가지 (×)

(구슬), 진주 1가지

그런데 꺼낸 것이 진주이므로, 세 번째 경우는 제외된다. 그러므로 종이봉투 B에 진주가 있을 확률은 $\frac{2}{3}$ 다. 종이봉투 A에 진주가 있을 확률은 그대로 $\frac{1}{2}$ 이다.

31 13

H(8)와 U(21)의 차이

32 약 1억km

$0.1\text{mm} \times 2^{50}$

$= 0.1 \times 10^{-6}\text{km} \times 2^{50}$

$= 10^{-7} \times (2^{10})^{5}\text{km}$

$\approx 10^{-7} \times (10^{3})^{5}\text{km}$

$\approx 10^{8}\text{km}$

33

T	O	T	T	R	N	G	T	T	G	R	G	T	T	T
T	T	T	I	I	I	G	O	I	T	T	T	T	O	T
T	N	G	G	I	T	G	N	T	N	R	G	G	O	T
N	O	T	G	O	O	N	O	I	T	G	O	R	G	T
T	T	I	O	T	N	T	T	T	T	O	T	O	T	I
R	R	G	T	T	G	R	O	I	G	T	T	T	T	R
T	O	T	I	N	I	O	T	T	N	I	O	R	T	G
T	T	O	N	T	T	N	O	G	R	R	T	R	R	G
G	G	T	I	I	G	T	N	G	I	G	O	N	T	G
R	G	O	T	T	T	I	O	R	N	T	T	T	O	G
R	N	R	O	T	R	N	T	I	T	T	O	R	G	T
T	I	R	N	N	T	G	T	T	G	G	N	I	G	T
G	R	G	O	T	G	T	O	O	O	N	T	T	T	T
T	T	O	N	R	T	N	R	T	N	T	R	G	O	O
O	T	I	T	T	T	N	I	N	T	R	N	O	T	N

34 F

알파벳 A~Z에 1~26의 수를 대입한 다음, 표에 있는 문자를 숫자로 바꾸면 가로, 세로, 대각선의 합이 15가 되는 마방진이 된다.

4	9	2
3	5	7
8	1	6

35 11시 46분 43초

1시간 13분 4초, 2시간 26분 8초, 3시간 39분 12초, 4시간 52분 16초씩 뒤로 간다.

36

37 B

C의 진술만 참이라면,

	참/거짓	참인 내용
A	〈거짓〉	B는 진실을 말한다.
B	〈거짓〉	C는 진실을 말한다.
C	〈참〉	A와 B는 둘 다 거짓을 말한다.

B와 C가 진실을 말한다는 내용과 C의 진술 내용이 모순된다. 따라서 C의 진술은 거짓이다.

B의 진술만 참이라면,

	참/거짓	참인 내용
A	〈거짓〉	B는 진실을 말한다.
B	〈참〉	C는 거짓을 말한다.
C	거짓	B 또는 C는 진실을 말한다.

모순이 발생하지 않는다.

A의 진술만 참이라면,

	참/거짓	참인 내용
A	〈참〉	B는 거짓을 말한다.
B	〈거짓〉	C는 진실을 말한다.
C	거짓	

C는 진실을 말한다는 내용과 C가 거짓을 말한다는 것이 모순된다.

38 X

삼각형, 원, 육각형을 시계 반대 방향으로 45°회전

39 C

40 1

안경을 쓴 성인은 최소 29명이다.

44+45−60=29

이들 중에 여성은 최소 1명이다.(29+32−60=1)

41 김밥

미래−의사−대전−빵

승환−공학자−수원−김밥

철수−간호사−전주−초콜릿

혜린−농부−부산−체리

영희−교사−대구−치킨

[삼단논법] P=Q, Q=R이면 P=R이다.

따라서 P=Q이고 Q=R이라면, 삼단논법에 따라 P=Q, Q=R, P=R을 모두 표에 기록한다.

마찬가지로 P=Q, Q≠R이라면, P=Q, Q≠R, P≠R을 모두 표에 기록한다.

예를 들어 혜린은 체리를 좋아하고 부산에서 온 경우, 다음과 같이 표시된다.

		C					B				
		영희	혜린	철수	승환	미래	빵	초콜릿	치킨	김밥	체리
A	부산		○								○
	전주										
	대전										
	대구										
	수원										
B	체리		○								
	김밥										
	치킨										
	초콜릿										
	빵										

좀 더 확장하여 P=Q, Q=R, R=S이면 P=R, P=S, Q=S이다. 이는 표에서는 다음과 같이 나타난다. 예를 들어 혜린은 농부이고, 부산에서 왔고 체리를 좋아하면 다음과 같이 표에 기록된다.

		D					C					B				
		농부	의사	교사	간호사	공학자	영희	혜린	철수	승환	미래	빵	초콜릿	치킨	김밥	체리
A	부산	○						○								○
	전주															
	대전															
	대구															
	수원															

		D					C					B				
		농부	의사	교사	간호사	공학자	영희	혜린	철수	승환	미래	빵	초콜릿	치킨	김밥	체리
B	체리	O						O								
	김밥															
	치킨															
	초콜릿															
	빵															
C	미래															
	승환															
	철수															
	혜린	O														
	영희															

1. 문제에 주어진 정보를 표에 ○, ×로 표시한다.

		D					C					B				
		농부	의사	교사	간호사	공학자	영희	혜린	철수	승환	미래	빵	초콜릿	치킨	김밥	체리
A	부산									× 1)	× 1)					○ 1)
	전주					× 2)			○ 2)						× 2)	
	대전												× 5)			
	대구						○ 6)									
	수원		× 7)								× 7)					
B	체리															
	김밥					○ 2)			× 2)							
	치킨			○ 4)												
	초콜릿															
	빵															
C	미래		○ 7)													
	승환															
	철수															
	혜린				× 3)											
	영희				× 3)											

2. ○주변에 가로, 세로로 ×를 채운다.(단, 5명의 정원사는 직업, 좋아하는 음식이 모두 다르다.)

		D					C					B				
		농부	의사	교사	간호사	공학자	영희	혜린	철수	승환	미래	빵	초콜릿	치킨	김밥	체리
A	부산						×		×	×	×	×	×	×	×	O
	전주					×	×	×	O	×	×				×	×
	대전						×		×				×			×
	대구						O	×	×	×	×					×
	수원		×				×		×		×					×
B	체리			×		×										
	김밥	×	×	×	×	O			×							
	치킨	×	×	O	×	×										
	초콜릿			×		×										
	빵			×		×										
C	미래	×	O	×	×	×										
	승환		×													
	철수		×													
	혜린		×		×											
	영희		×		×											

네 칸이 ×인 경우에 나머지 칸을 O로 바꾸어줄 수 있다.

부산–혜린 칸을 O로 채울 수 있고, 따라서 부산–혜린–체리는 서로 연결됨을 알 수 있다.

삼단논법으로 체리–혜린 칸도 O로 채운다.

추가로 수원–승환, 대전–미래가 연결됨을 알 수 있다.

3. 부산–혜린–체리에 연결가능한 직업은

A–부산 줄에서는 (농부, 의사, 교사, 간호사, 공학자)임을 알 수 있고,

B–체리 줄에서는 (농부, 교사, 공학자)임을 알 수 있고,

C–혜린 줄에서는 (농부, 의사, 간호사)임을 알 수 있다.

따라서 혜린의 직업은 농부이다.

혜린–체리–부산–농부가 연결된다.

		D					C					B				
		농부	의사	교사	간호사	공학자	영희	혜린	철수	승환	미래	빵	초콜릿	치킨	김밥	체리
A	부산						×	○	×	×	×	×	×	×	×	○
	전주					×	×	×	○	×	×				×	×
	대전						×	×	×	×	○		×			×
	대구						○	×	×	×	×					×
	수원		×				×	×	×	○	×					×
B	체리			×		×	×	○	×	×	×					
	김밥	×	×	×	×	○	×		×							
	치킨	×	×	○	×	×	×									
	초콜릿			×		×	×									
	빵			×		×	×									
C	미래	×	○	×	×	×										
	승환		×													
	철수		×													
	혜린		×		×											
	영희		×		×											

4. C칸의 미래를 가로줄과 세로줄에서 보면, 미래-의사-대전이 연결됨을 알 수 있다.

		D					C					B				
		농부	의사	교사	간호사	공학자	영희	혜린	철수	승환	미래	빵	초콜릿	치킨	김밥	체리
A	부산						×	○	×	×	×	×	×	×	×	○
	전주					×	×	×	○	×	×				×	×
	대전						×	×	×	×	○		×			×
	대구						○	×	×	×	×					×
	수원		×				×	×	×	○	×					×
B	체리			×		×	×	○	×	×	×					
	김밥	×	×	×	×	○	×		×							
	치킨	×	×	○	×	×	×									
	초콜릿			×		×	×									
	빵			×		×	×									
C	미래	×	○	×	×	×										
	승환		×													
	철수		×													
	혜린		×		×											
	영희		×		×											

5. 2, 3, 4에서 사용한 방식을 반복하여 칸을 채워 나가면, 다음의 결과를 얻을 수 있다.

미래-의사-대전-빵
승환-공학자-수원-김밥
철수-간호사-전주-초콜릿
혜린-농부-부산-체리
영희-교사-대구-치킨

42

43 7

A= 좌측 아래의 숫자
B= 나머지 코너에 있는 숫자의 합
A와 B의 차가 가운데 숫자이다.

44 9

9번에 있는 큰 원이 잘리지 않고 그려져야 한다.

45 $4^2=16$

46 85

28+17+23+17=85

47 네 번째 줄의 네 번째 열에 있는 1UR

48 8시

시침, 분침, 초침 바늘이 가리키는 칸의 합은 2씩 증가한다.

1번: 1시 10분 5초　　1+2+1=4
2번: 3시 5분 10초　　3+1+2=6
3번: 3시 15분 10초　　3+3+2=8
4번: 8시 5분 5초　　8+1+1=10

49 G

A=H, B=I, C=E, D=F가 서로 짝을 이룬다.

50 17

각각의 원의 수는 오른쪽 두 원에 들어 있는 숫자 네 개의 합이다.
즉 20=(1+9)+(1+9), 19=(1+9)+(1+8), 17=(2+3)+(4+8)

51 38

(5+9+7+8+9)=38

52 3

값을 포함하는 직사각형의 개수

53 C

나머지 조각으로 정삼각형을 만들 수 있다.

54 Y, 45분 20초

V: 46분 23초, W: 48분 18초, X: 47분 30초, Y: 45분 20초, Z: 46분 06초
Excel 프로그램을 이용하여 계산하거나 계산기를 사용한다.

55

A: 12+17-9+6-14=12

B: 26-10+4-17+11=14

C: 17–15+9-8+13=16

56 12

(4×6칸)+(8×3칸)=(12×1칸)+(6×6칸)

57

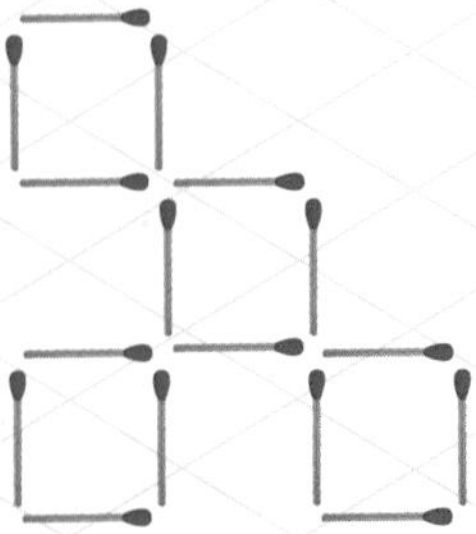

58 B

59 9

각각의 부채꼴 조각에 있는 수의 합은 마주하는 부채꼴 조각에 있는 수의 합과 동일하다.
예를 들어 6+19+17=18+16+8이다.

60 7

가운데 칸은 소수를 2부터 나열한다. 삼각형의 아래 두 칸은 제곱수를 나열한다. 윗칸은 9부터 1씩 작아진다.

61 네 번째 줄의 세 번째 열에 있는 1U

62 V

① EHT와 YKS에서 THE SKY를 연결해본다.
② 알파벳을 부채꼴의 바깥에서 안쪽으로 읽고, 시계 반대 방향으로 읽으면 다음과 같다.
I LOVE ALL THE STARS IN THE SKY

63 $\frac{7}{12}$

바둑돌 3개가 동일한 확률로 흰색 또는 검정색이므로, 8가지 경우가 있다.
따라서 종이봉투 속에 있는 네 개의 바둑돌의 경우의 수는 다음과 같다.
(흰색, 흰색, 흰색, 흰색) 1가지
(흰색, 흰색, 흰색, 검정) 3가지
(흰색, 흰색, 검정, 검정) 3가지
(흰색, 검정, 검정, 검정) 1가지

여기서 임의로 바둑돌 2개를 꺼냈더니 두 개 모두 흰색이 되는 경우의 수는 다음과 같다.
(흰색, 흰색, 흰색, 흰색) 1가지×6가지 = 6가지

(흰색, 흰색, 흰색, 검정) 3가지×3가지 = 9가지
(흰색, 흰색, 검정, 검정) 3가지×1가지 = 3가지
(흰색, 검정, 검정, 검정) 1가지×0가지 = 0가지

각각의 경우에 남아 있는 바둑돌은 다음과 같다.
(흰색, 흰색) 6가지
(흰색, 검정) 9가지
(검정, 검정) 3가지

여기서 흰색 돌을 뽑을 확률을 구하면,

$$\frac{6\times1+9\times\frac{1}{2}+3\times0}{6+9+3}=\frac{7}{12}$$

64 17

(8칸×4)+(6칸×8)=(2칸×6)+(4칸×17)

65

66

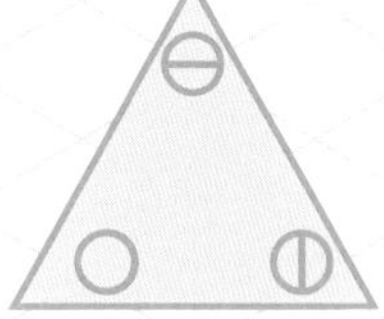

67 F

첫 번째 열과 두 번째 열의 곱은 세 번째 열이다. 예를 들어 H(8)×C(3)=×(24), D(4)×F(6)=X(24)

68

왼쪽바닥 위치부터 위로 올라가고, 윗줄에 도달하면 한 칸 오른쪽으로 가서 아래쪽으로 내려오며, 바닥에 도달하면 한 칸 오른쪽으로 가서 위로 올라가며, 12개의 패턴이 반복된다.

69 23

나오는 숫자는 짝을 이룬다. XY가 나오면 YX가 나온다. 32가 나왔으므로 23도 나온다.

70 불가능하다.

71 B병에서 알약을 하나 더 꺼낸 뒤, 네 개의 알약을 반씩 나누어 절반씩을 하루에 복용한다.

72

4	8	6	1	9
8	2	8	5	6
6	8	3	4	2
1	5	4	1	1
9	6	2	1	7

73 C

A와 E, B와 I, F와 G, D와 H는 서로 짝을 이룬다.

74 X

75 1

좌측 위의 원에 수평 획이 빠졌다.

76 15

January J=10, February F=6, March M=13, April A=1, … October O=15

77 A

78

79 412804÷23 = 17948

80 위에서부터 3, 7, 1, 9

맨 위 숫자를 버리고, 나머지의 순서를 바꾼다.

81 6

표의 가운데 수는 위의 두 수의 곱과 아래 두 수의 곱의 차이다.

첫 번째 표: 71=|13×7−9×18|

두 번째 표: 37=|29×5−12×9|

세 번째 표: 6=|18×11−6×34|

82 9

해당 영역을 포함하는 모든 다각형의 변의 수의 합

9=1(원)+3(삼각형)+5(오각형)

83 영희

민수	보라색	팬지	어묵김밥
리안	파란색	붓꽃	꼬마김밥

동수	핑크색	진달래	참치김밥
영희	빨강색	장미	치즈김밥
형철	흰색	백합	햄김밥

1. 문장을 읽으며 표에 ○, ×를 표시한다.

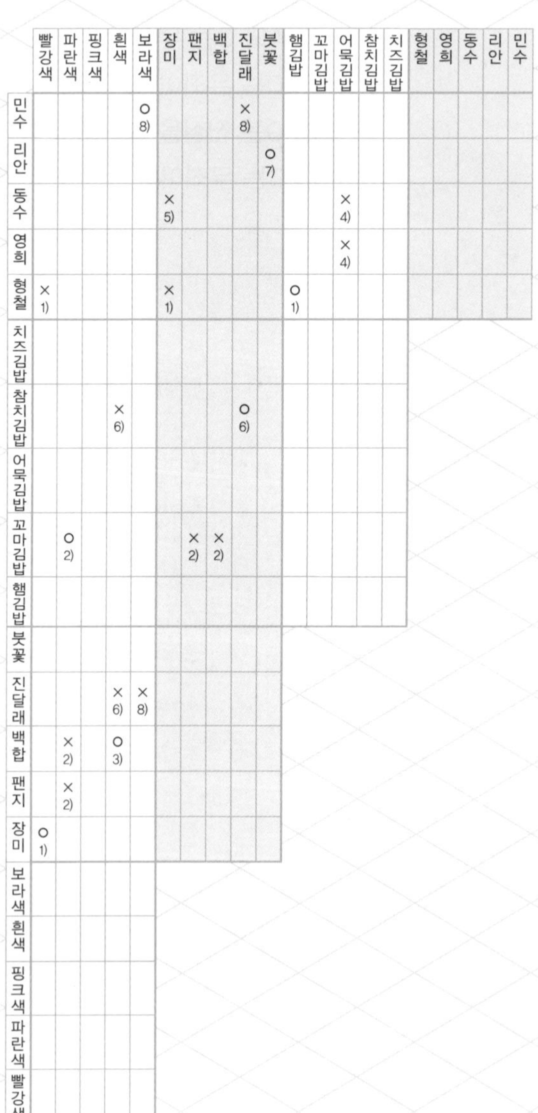

2. ○ 주변에 가로, 세로로 ×를 채운다.(정원사는 각각 좋아하는 색, 꽃, 음식이 한 가지씩이다.)

	빨강색	파란색	핑크색	흰색	보라색	장미	팬지	백합	진달래	붓꽃	햄김밥	꼬마김밥	어묵김밥	참치김밥	치즈김밥	형철	영희	동수	리안	민수
민수	×	×	×	×	○				×	×	×									
리안					×	×	×	×	×	○	×									
동수					×	×				×	×		×							
영희					×					×	×		×							
형철	×				×	×				×	○	×	×	×	×					
치즈김밥		×							×											
참치김밥		×		×		×	×	×	○	×										
어묵김밥		×							×											
꼬마김밥	×	○	×	×	×		×	×	×											
햄김밥		×							×											
붓꽃	×			×																
진달래	×			×	×															
백합	×	×	×	○	×															
팬지	×	×		×																
장미	○	×	×	×	×															
보라색																				
흰색																				
핑크색																				
파란색																				
빨강색																				

3. A=B, B=C이면 A=C이다.

A=B, B≠C이면 A≠C이다.

위의 두 명제를 활용하여 민수 줄에서 보라색 O, 진달래, 붓꽃, 햄김밥 ×일 때,

보라색 열의 햄김밥, 붓꽃, 진달래에 ×를 표시한다.

	빨강색	파란색	핑크색	흰색	보라색	장미	팬지	백합	진달래	붓꽃	햄김밥	꼬마김밥	어묵김밥	참치김밥	치즈김밥	형철	영희	동수	리안	민수
민수	×	×	×	×	○				×	×	×									
리안					×	×	×	×	×	○	×									

	빨강색	파란색	핑크색	흰색	보라색	장미	팬지	백합	진달래	붓꽃	햄김밥	꼬마김밥	어묵김밥	참치김밥	치즈김밥	형철	영희	동수	리안	민수
동수					×	×				×	×		×							
영희					×					×	×		×							
형철	×				×	×				×	○	×	×	×	×					
치즈김밥		×							×											
참치김밥		×		×		×	×	×	○	×										
어묵김밥		×							×											
꼬마김밥	×	○	×	×	×		×	×	×											
햄김밥		×			×				×											
붓꽃	×			×	×															
진달래	×			×	×															
백합	×	×	×	○	×															
팬지	×	×		×																
장미	○	×	×	×	×															
보라색																				
흰색																				
핑크색																				
파란색																				
빨강색																				

따라서 보라색-팬지 칸은 ○이다.

2와 3에서 사용한 방식을 반복하여 칸을 채워나가면, 다음의 결과를 얻어낼 수 있다.

	빨강색	파란색	핑크색	흰색	보라색	장미	팬지	백합	진달래	붓꽃	햄김밥	꼬마김밥	어묵김밥	참치김밥	치즈김밥	형철	영희	동수	리안	민수
민수	×	×	×	×	○	×	○	×	×	×	×	×	○	×	×					
리안	×	○	×	×	×	×	×	×	×	○	×	○	×	×	×					
동수	×	×	○	×	×	×	×	×	○	×	×	×	×	○	×					
영희	○	×	×	×	×	○	×	×	×	×	×	×	×	×	○					
형철	×	×	×	○	×	×	×	○	×	×	○	×	×	×	×					

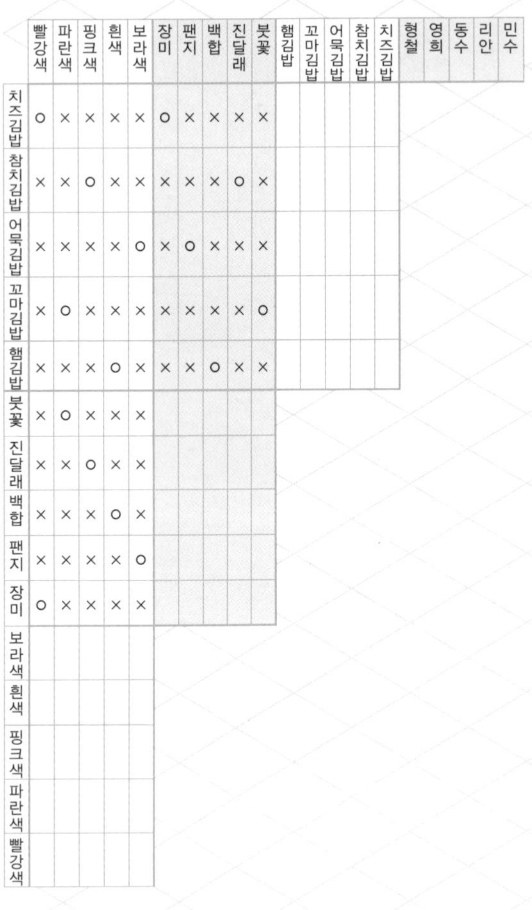

	빨강색	파란색	핑크색	흰색	보라색	장미	팬지	백합	진달래	붓꽃	햄김밥	꼬마김밥	어묵김밥	참치김밥	치즈김밥	형철	영희	동수	리안	민수
치즈김밥	O	×	×	×	×	O	×	×	×	×										
참치김밥	×	×	O	×	×	×	×	×	O	×										
어묵김밥	×	×	×	×	O	×	O	×	×	×										
꼬마김밥	×	O	×	×	×	×	×	×	×	O										
햄김밥	×	×	×	O	×	×	×	O	×	×										
붓꽃	×	O	×	×	×															
진달래	×	×	O	×	×															
백합	×	×	×	O	×															
팬지	×	×	×	×	O															
장미	O	×	×	×	×															
보라색																				
흰색																				
핑크색																				
파란색																				
빨강색																				

84 두 번째 줄 오른쪽 끝에 있는 3D

85

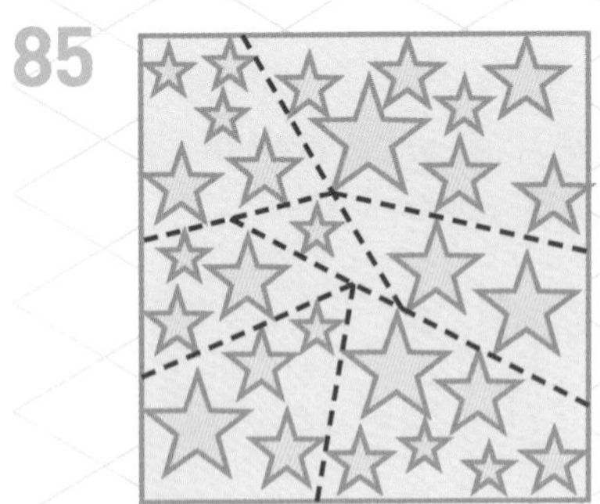

86 8시 16분

시침은 1, 2, 3씩 증가하고, 분침은 12씩 감소한다.

87 37

알파벳 R과 S를 수로 변환한 18과 19의 합

88 위에서부터 2, 4, 1

열의 양 끝에 있는 두 수씩 뽑아서 더한 숫자를 다음 열의 위에서부터 적어나간다.

89 D

E의 진술이 거짓이라고 가정하면,

	진술	참/거짓	범인
A	범인은 B이다.	참	
B	A는 거짓을 말한다.	참	O
C	D는 무죄이다.	참	
D	E는 무죄이다.	거짓	
E	D는 진실을 말한다.	〈거짓〉	O

범인이 두 명이 되므로 모순이다. 따라서 E의 진술은 참이다.

B의 진술이 거짓이라고 가정하면,

	진술	참/거짓	범인
A	범인은 B이다.	참	
B	A는 거짓을 말한다.	〈거짓〉	O
C	D는 무죄이다.	거짓	
D	E는 무죄이다.	참	O
E	D는 진실을 말한다.	참	

범인이 두 명이 되므로 모순이다. 따라서 B의 진술은 참이다.

	진술	참/거짓	범인
A	범인은 B이다.		
B	A는 거짓을 말한다.	참	
C	D는 무죄이다.		
D	E는 무죄이다.	참	
E	D는 진실을 말한다.	참	

따라서 A와 C의 진술은 거짓이고 범인은 D이다.

90 W, 1시간 15분 6초

V: 1시간 16분 38초, X: 1시간 15분 45초, Y: 1시간 19분 48초, Z: 1시간 16분 59초

Excel 프로그램을 이용하여 계산하거나 계산기를 사용한다.

91

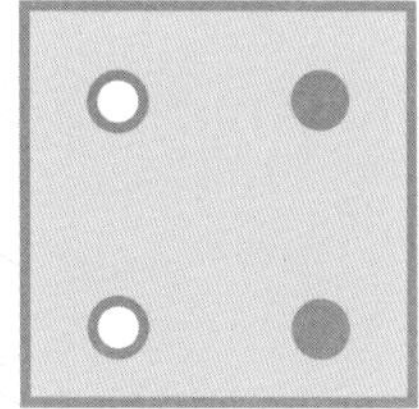

정사각형의 색깔은 교대로 바뀌고, 첫 번째 줄 위의 원이 세 번째 줄 위에 그대로 놓이며, 그 위에 다시 두 번째 줄 위의 원이 시계 방향으로 90도 회전하여 세 번째 줄 위에 그려진다.

92 61

가로줄의 합은 세로줄의 합과 같다.

?+65+62+60=58+64+63+63

93

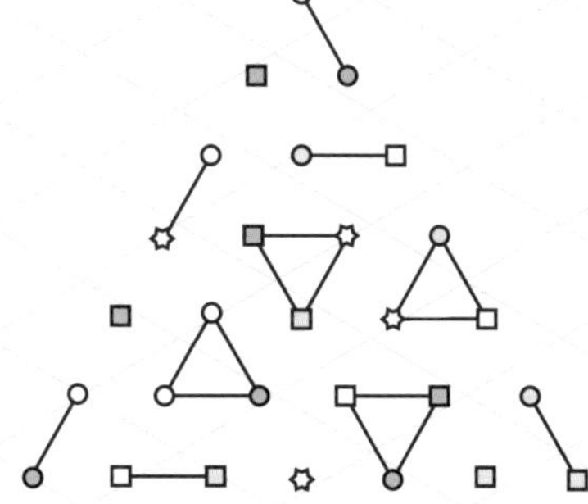

94 D

95 B

두 문 중 1개의 문에만 악당이 있으므로, '두 문은 모두 위험하다'는 항상 거짓이다.

문 A는 안전할 때 참이고, 문 B는 안전할 때 거짓이다. 따라서 악당의 위치에 따라 참/거짓이 다음 표와 같다.

악당 위치		문A 안내문	문B 안내문
문A	문B		
O			거짓
	O	참	

이 경우, 문 A에 있는 안내문은 '이 문은 위험하다'이다. 이 안내문이 참이므로, 문 B를 열어야 한다.

96 35

15에서부터 시계 방향으로 한 칸씩 건너뛰면서 수를 읽으면 15, 17, 20, 24, 29, 35 (2, 3, 4, 5, 6씩 커진다.)

97

1	0	9	8	5		9	4	2		3		
8		1		2	9	3		5	1	2	0	0
7		1		4		7		3		6		
1	1	2	1	7	9	6	6			6	7	8
2				5		6				0		
7	4	9		5	6	0	7	1		2		
	7			2		9		1	8	2	9	1
3	7	2	5	5		8		6		6		4
6		7		2	1	5	6	2	8	0	7	2
4		7			7			4			3	
3	0	8	9		8	3	4		6	3	9	
8		9				9			7		8	
2	3	2			7	3	4	7	3	8	5	

98 C

A와 C의 진술이 충돌한다. 따라서 A와 C의 진술은 (참, 거짓), (거짓, 참), (거짓, 거짓)일 수 있다.

(참, 거짓)이라고 가정하면,

		참/거짓	타입
A	B는 항상 진실을 말한다.	⟨참⟩	항상 진실
B	A는 항상 진실을 말한다.	참	항상 진실
C	B는 때로는 진실을 때로는 거짓을 말한다.	⟨거짓⟩	

A와 B 모두 진실을 말하는 사람이 되어 모순이다.

(거짓, 참)이라고 가정하면,

		참/거짓	타입
A	B는 항상 진실을 말한다.	〈거짓〉	항상 거짓
B	A는 항상 진실을 말한다.		때로는 진실
C	B는 때로는 진실을 때로는 거짓을 말한다.	〈참〉	항상 진실

C의 진술이 참이므로 B는 '때로는 진실'을 말한다. A는 거짓을 말했으므로, C는 항상 진실을 말하고, A는 항상 거짓을 말한다.

(거짓, 거짓)이라고 가정하면,

		참/거짓	타입
A	B는 항상 진실을 말한다.	〈거짓〉	
B	A는 항상 진실을 말한다.		항상 거짓
C	B는 때로는 진실을 때로는 거짓을 말한다.	〈거짓〉	

A와 B 모두 거짓을 말했으므로, 항상 진실을 말하는 사람이 없다. 따라서 모순이다.

99 C

100 5개

먼저 두 개의 진술이 있는 경우를 살펴보자.

> **1. 적어도 한 문장은 거짓이다.**
> **2. 두 문장이 모두 거짓이다.**

2)가 참이라면, 두 문장이 모두 거짓이 아니므로 모순이다. 따라서 2)는 거짓이다.
한 문장이 거짓이 되므로, 1)은 참이다.

네 개의 진술이 있는 경우를 살펴보자.

> **3. 적어도 한 문장은 거짓이다.** (참)
> **4. 적어도 두 문장은 거짓이다.**
> **5. 적어도 세 문장은 거짓이다.**
> **6. 네 문장이 모두 거짓이다.** (거짓)

6)이 참이라면, 네 문장이 모두 거짓이 아니므로 모순이다. 따라서 6)은 거짓이다.
한 문장이 거짓이 되므로, 3)은 참이다.
3)이 참이고 6)이 거짓이므로 4)와 5)는 3)과 6)을 제외하고 생각하면 1)과 2)와 같은 문장이 된다. 따라서 4)는 참이고, 5)는 거짓이다.

이와 같은 식으로 확장하면, 10개의 문장은 앞의 다섯 개의 문장이 참이 된다.

101 B

102 4시 56분 27초

나온 숫자의 합은 3씩 증가한다.

1. 1+1+0+5+1+4=12
2. 0+7+3+5+0+0=15
3. 0+6+4+1+5+2=18

103 $4^3=64$

104 1113122113

앞의 수 132113을 다음과 같이 읽는다.
한 개 1 한 개 3 한 개 2 두 개 1 한 개 3
3: 한 개 3
13: 한 개 1 한 개 3
1113: 세 개 1 한 개 3
3113: 한 개 3 두 개 1 한 개 3
132113: 한 개 1 한 개 3 한 개 2 두 개 1 한 개 3

105 A

A: (10+3+25+25+15), B: (50+25+1+1+1)
C: (50+10+10+5+3)

106 7463524131

단계 6의 결과는 기록되지 않는다.

107 3개

●=1, ■=2, ▲=3

108 8개

●=2, ■=3, ▲=5

109 "어머니는 제게 10,000원을 주실 생각이 없죠?"

만약 이 말이 맞는다면 "알아맞히면 10,000원을 주겠다"라는 약속에 따라 10,000원을 받는다. 반대로 이 말이 틀리다면 "어머니는 아들에게 10,000원을 줄 생각이 있다"라는 것이 되므로 10,000원을 받을 수 있다. 따라서 어느 쪽으로 해석해도 모두 10,000원을 받을 수 있게 된다.

110

H T T O T T R T T A T R A H R

O A A R H T O T R O A O R T R

T T H A T A T T H A H T H A T

O R R T R T A T R O H R T H O

T T O T T O A T O R T T H O T

H A A R T A O A R T R T O O R

T R T R O T T R T T H H R A O

T H T R H T R H O H T R O H O

T O R H R R R A T O H O O T O

R O H T T A O A H H T H O R T

R T T R A T O O R H O T T R H

R A T T T T T O R O T T O T O

R T T T R H R O T T H A O T A

R T T A O A A H T A T A R T H

A H O A H T T T O A H T R R T

111 3, 2, 3, 1, 1

112

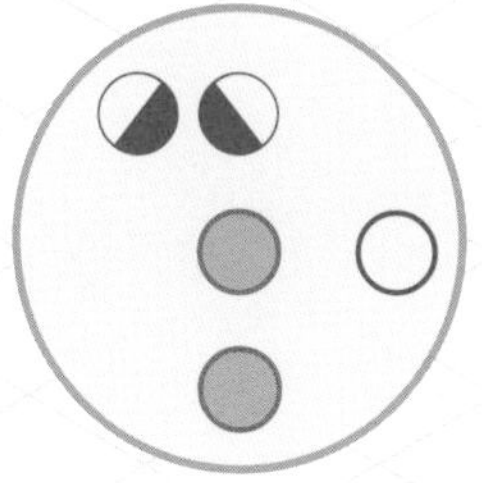

113

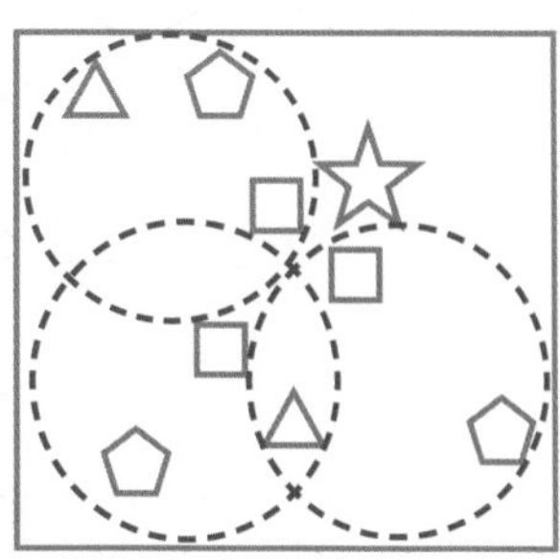

114

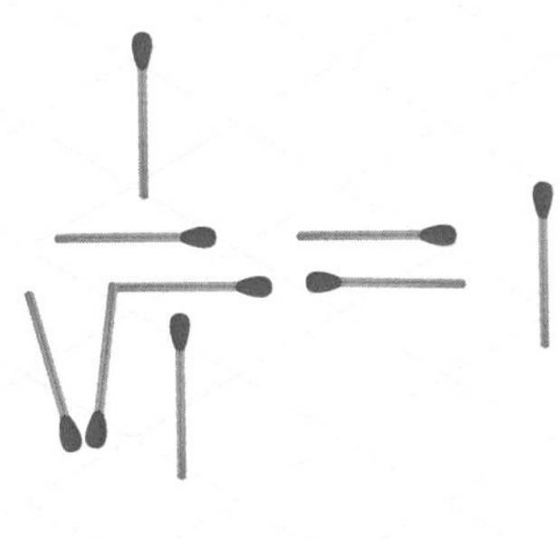

$\frac{1}{\sqrt{1}}=1$

115 7번 책상

1 영희	2 채원	3 선영	4 희선	5 고은
10 철수	9 동환	8 재상	7 현수	6 승우

116 28

각각의 부채꼴 3개의 수 중에 내부 및 중간 링의 수가 짝수인 구역의 수의 합은 50이다.

117 동전을 던져 바둑돌을 뽑을 봉투를 정하고 바둑돌을 하나 뽑을 경우. ($\frac{1}{2}$)

먼저, 동전을 던져 바둑돌을 뽑을 봉투를 정하고 바둑돌을 하나 뽑을 경우에 대해 알아보자.

종이봉투 A는 두 가지 경우가 있다.
(흰색), (검정)

흰색 바둑돌을 하나 넣으면,
(흰색, 흰색), (검정, 흰색)
여기서 바둑돌을 뽑는다면 (흰색)/흰색, (흰색)/흰색, (검정)/흰색, (흰색)/검정
그런데 뽑은 바둑돌이 흰색이므로, 마지막 경우는 제외된다.
즉 가능성은 (흰색)/흰색, (흰색)/흰색, (검정)/흰색이다. 그러므로 이제 종이봉투 A에서 흰색 바둑돌을 뽑을 확률은 $\frac{2}{3}$이다. 그리고 종이봉투 B에서 흰색 바둑돌을 뽑을 확률은 $\frac{1}{3}$이므로, 동전을 던져 봉투를 정하고 바둑돌을 뽑을 때에 흰색 바둑돌을 뽑을 확률은 $\frac{\frac{2}{3}+\frac{1}{3}}{2}=\frac{1}{2}$

다음은 종이봉투 A와 B의 바둑돌을 종이봉투 C에 넣어 바둑돌을 하나 뽑을 경우에 대해 알아보자.

종이봉투 A에 흰색 바둑돌이 있는 경우는 (흰색), (흰색), (검정색) 3가지 중 2가지이므로, 두 봉투를 섞어 봉투 C에 넣을 경우 (흰색, 흰색, 검정, 검정), (흰색, 흰색, 검정, 검정), (검정, 흰색, 검정, 검정)의 세 가지 경우가 있다. 각 경우의 흰색 바둑돌이 나올 확률은 $\frac{1}{2}$, $\frac{1}{2}$, $\frac{1}{4}$이므로, 흰색 바둑돌이 나올 확률의 평균은 $\frac{\left(\frac{1}{2}+\frac{1}{2}+\frac{1}{4}\right)}{3}=\frac{5}{12}$이다.

118 0

D=10B+C−A의 마지막 자리수

119 34

34=5+8+5+9+7

120 D

121

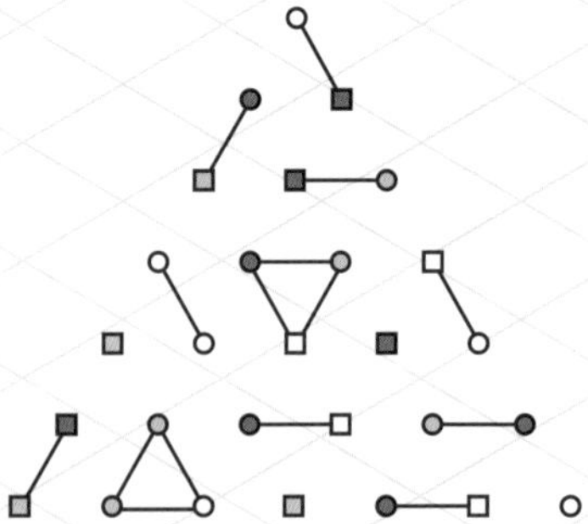

122 7

123 나무 조각을 위로 던졌다.

124

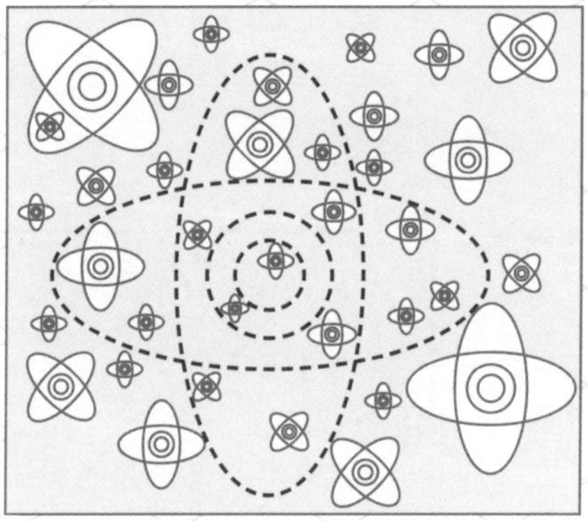

125 A: $4\text{^}2\times\frac{3}{4}-8=4$

B: $(\sqrt{25}+4)\text{^}2-(4\text{^}3)=17$

C: $((5!+5)\times.5-.5)-5-(\frac{(5+5)}{5})=55$

126

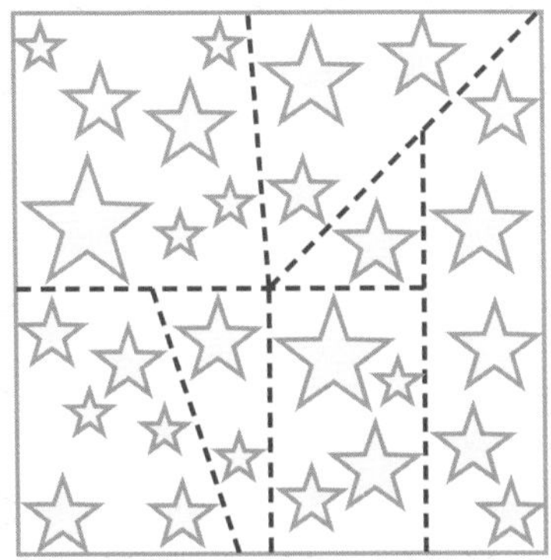

127 5

A에 있는 숫자는 841729620|다. B에 있는 숫자는 693822570|다. C에 있는 숫자는 A−B로 147907050|다

128 6

앞 삼각형의 맨 위쪽과 좌측 아래의 숫자의 곱은 현 삼각형의 오른쪽 아래와 중앙에 위치한다.(7×4=28, 3×6=18, 8×7=56)

129

9	5	9	0		5	0	3	7	5	9	3	
8				4			4		4		1	
6	3	7	2	5	1		1	2	8	7	0	
0		8		6			3					
4	1	7		9	5	8	1	6	4	6		3
		8	7	4		5		9		8		6
9	6	3		1	5	4	3	3	1	4	5	5
		7		3		7		3		8		3
3	2	5	7	0		0		5				4
4		6		1	4	8	0	2	8	5	5	8
1					4			6		5		9
0			5	3	7			3	6	3	9	7
					6	4	1	4		6		

130

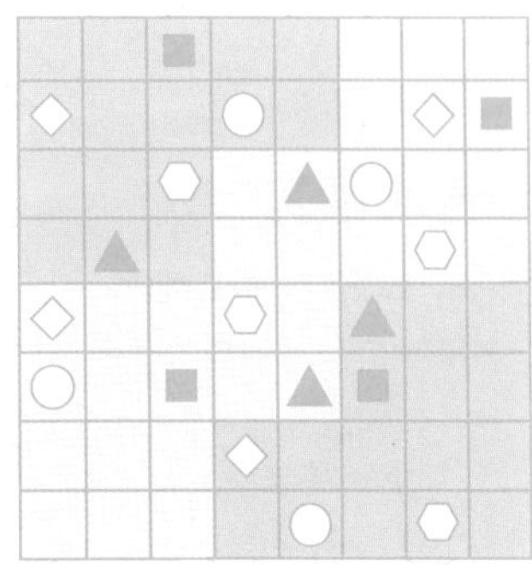

131 40

(9칸×7)+(7칸×5)+(3칸×9)=(2칸×40)+(9칸×5)

132 37

37=(7+8+7+8+7)

133 D5

134 태양, 대령

	동환	재상	현수	승우	영희	태양	선영
0시	12	12	12	12	12	12	12
1시	11	10	8	4			
2시					9	7	11
3시				2	10	5	10
4시		11	6		12		
5시	10	10	5	1			
6시					11	3	6
7시		7	4	5	9		
최종	상병	중위	중령	소령	병장	대령	대위

135 D

136 채원과 수지

문제의 조건문을 읽고 배제되는 조건을 표로 정리하면 다음과 같다.

	수학	공학	프로그래밍	일본어	전자공학	물리학
영희	○	×				
		○	○			
			○	○		
채원			○	×		
	○			○		
	○				○	
수지	○				○	
	×			×		
			○	○		

1) 채원이가 프로그래밍을 수강하지 않는다고 가정하면, 영희와 수지는 프로그래밍을 수강한다.

	수학	공학	프로그래밍	일본어	전자공학	물리학
영희		×	○	×		
채원		○	〈×〉	○		
수지		○	○	○		

영희의 배제조건을 적용하면, 영희는 공학과 일본어를 수강하지 않는다. 따라서 채원이와 수지는 공학과 일본어를 수강한다. 수지가 프로그래밍과 일본어를 모두 수강하므로 배제조건과 모순이다. 따라서 채원이는 프로그래밍을 수강한다.

2) 수지가 프로그래밍을 수강하지 않는다고 가정하면, 영희와 채원이는 프로그래밍을 수강한다.

	수학	공학	프로그래밍	일본어	전자공학	물리학
영희	×	×	○	×		
채원		○	○	○		
수지		○	〈×〉	○		

영희의 배제조건을 적용하면, 영희는 공학과 일본어를 수강하지 않는다. 영희가 수강하는 과목이 3개 이하가 되므로 모순이다. 따라서 수지는 프로그래밍을 수강한다.

그러므로

	수학	공학	프로그래밍	일본어	전자공학	물리학
영희	○	○	(×)	○	○	×
채원	×	×	○	○	○	○
수지	○	○	○	×	×	○

수지가 수강하지 않는 과목이 일본어와 전자공학이므로, 나머지 과목은 모두 듣는다.
영희가 수학을 수강하므로, 공학도 수강한다.
그러므로 물리학은 수강하지 않는다.

137

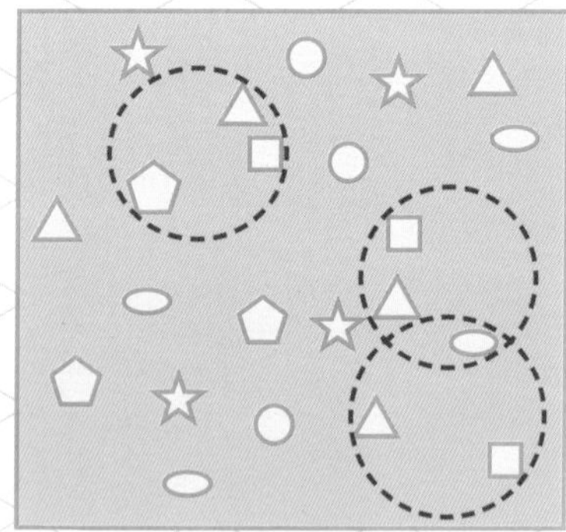

138 1시 48분 18초

시각은 왼쪽에서 오른쪽으로 교대로 9시 47분 17초씩 증가하고, 6시 35분 23초씩 감소한다.

139 E

140 3

AB=CD×E이다. 예를 들어 첫줄의 54=06×9 이다.

141 3명

142 107

135+149+132+131+152=141+192+119+140+?

143 C

C의 흰색 공 하나는 노란색이어야 한다. (A, G, H), (B, F, I)는 모두 같은 색상의 공의 수가 서로 같다.

144

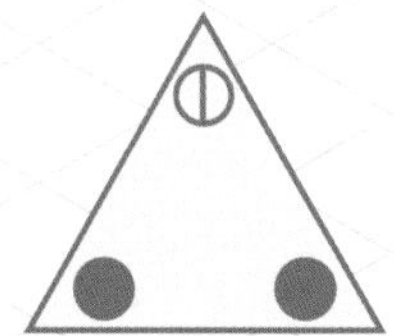

아래 두 삼각형의 같은 위치에 있는 두 기호에 따라 기호가 결정된다.

145 8단계에서 2로 나누지 않고, 3으로 나누면 된다.

	기록한 수	기억한 수
1	x	
2		x−1
3	x−1	
4		3(x−1)
5	3(x−1)	
6		3(x+3)
7	3(x+3)	
8		$\frac{3}{2}(x+3)$
9	$\frac{3}{2}(x+3)$	
10		$\frac{3x+19}{2}$
11	$\frac{3x+19}{2}$	
12		$\frac{x+19}{2}$
13	$\frac{x+19}{2}$	

146 3시

4개의 시계 바늘은 'LIVE'를 나타낸다.

147 D

D를 제외한 나머지 조각으로 정오각형을 만들 수 있다.

148

149 첫 번째 질문: (A에게) A, B, C가 순서대로 서 있을 때, '항상 거짓'이 '때로는 진실'의 바로 앞에 있나요?

A	A의 대답	B	C
〈항상 진실〉	YES	'항상 거짓'	'때로는 진실'
	NO	'때로는 진실'	'항상 거짓'
〈항상 거짓〉	YES	'항상 진실'	'때로는 진실'
	NO	'때로는 진실'	'항상 진실'
〈때로는 진실〉	YES	'때로는 진실' 아님	
	NO		

대답이 YES라면, B는 '때로는 진실'이 아니다.
대답이 NO라면, C는 '때로는 진실'이 아니다.

두 번째 질문: (확인된 '때로는 진실'이 아닌 사람에게) (답이 명확한 문제를 질문) 여기 '항상 진실'이 있나요? Yes라면 그는 '항상 진실'이고, No라면 그는 '항상 거짓'이다.

세 번째 질문: (동일한 사람에게) A는 '때로는 진실'인가요?

150 X, 46분 58.12초

V: 46분 58.49초, W: 46분 58.14초, X: 46분 58.12초, Y: 46분 58.64초, Z: 46분 58.95초
Excel 프로그램을 이용하여 계산하거나 계산기를 사용한다.

151 $6^4=36^2$

152 8개

▲=4, ■=6, ⬢=7, ●=3

153 B4

154 경주

1번: 채원, 하남, 수의사, 검정색 바지, 고고학
2번: 영희, 영주, 헬스 코치, 노란색 바지, 심리학
3번: 리안, 남원, 부동산 중개인, 빨강색 바지, 사회학
4번: 철수, 경주, 교사, 갈색 바지, 역사
5번: 도언, 부산, 회계사, 회색 바지, 철학

155 문 A

안내문 B와 C는 서로 충돌한다. 따라서 이 둘 중 하나는 참이다. 그러므로 안내문 A는 거짓이다. (∵ 둘 이상의 안내문이 거짓이다.) 그러므로 문 A는 위험하지 않다.

156

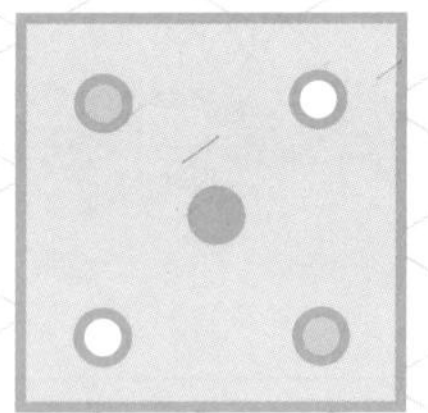

흰색 원을 W, 하늘색 원을 L, 파랑색 원을 D라 할 때, 맨 윗줄 왼쪽에서부터 WWDLDD LWLDLW가 반복되어 나타난다.

157 9

158 위에서부터 0, 2, 2, 9

열에 있는 수를 하나의 수로 보고, 3을 곱하여 결과를 적은 다음, 앞자리의 두 숫자를 지워 열의 길이를 하나 줄인다.
예를 들어 4938521×3=14818581에서 앞의 두 숫자 1과 4를 지워 818581를 얻고, 46743×3=140229에서 앞의 두 숫자를 지워 0229를 얻는다.

159

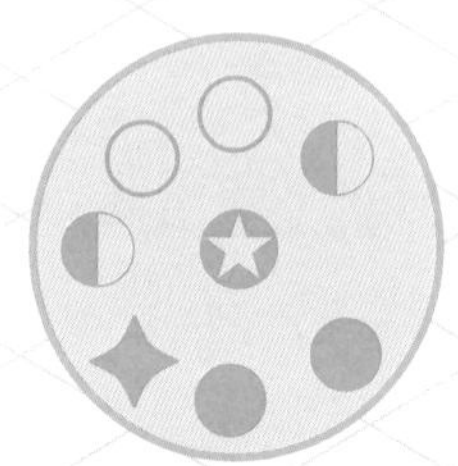

160

L	L	A	L	A	A	M	A	M	M	M	A	M	A	M
A	M	L	M	A	L	A	M	A	A	M	M	A	M	M
M	L	M	A	L	M	A	M	M	M	A	A	M	A	M
M	L	A	A	A	A	M	M	L	L	M	A	A	A	M
A	L	M	L	L	A	M	A	M	A	A	M	M	L	M
M	A	A	A	L	M	A	M	A	M	L	A	A	A	A
A	M	A	A	L	M	M	A	M	M	M	M	L	M	L
M	M	M	A	M	A	L	M	M	M	A	M	A	M	M
M	A	L	L	A	A	M	M	A	M	M	A	A	A	A
A	M	L	M	A	A	M	M	A	A	M	L	M	M	M
A	L	M	M	M	M	A	A	A	L	L	L	M	M	A
A	A	L	M	M	L	A	M	L	A	A	M	M	M	L
A	M	M	M	A	M	L	M	M	A	A	M	A	M	M
M	M	M	M	M	A	A	L	A	M	M	A	A	A	L
L	L	M	M	A	L	M	M	A	M	L	M	A	M	A

161 지구 자전 방향과 반대 방향으로 도는 기차

무게를 가볍게 하는 원심력이 작용하지 않는다.

162 4

숫자를 둘러싼 구분된 선의 개수

163 7월 16일

(1)에 따라 월에 날짜가 하나만 있는 경우는 제외되므로 4, 5, 6, 7, 8, 9, 10월이 가능하다.

2월		5												
3월	2													
4월				7								16		
5월											15	16		22
6월			6										17	
7월										14		16		
8월										14	15		17	
9월					9				13					
10월							11	12		14				
11월						10								

또한 (1)에 따라 일에 날짜가 하나만 있는 경우가 제외되므로 14, 15, 16, 17일이 가능하다.

4월				7								16		
5월											15	16		22
6월			6										17	
7월										14		16		
8월										14	15		17	
9월					9				13					
10월							11	12		14				

발언 (1), (2), (3)은 모두 참인 명제이며, 철수가 한 발언 (1)은 가장 많은 정보를 포함하고 있다. 4, 5, 6, 9, 10월에는 4/7, 5/22, 6/6, 9/9, 10/11처럼 일에 날짜가 하나만 있는 경우가 있으므로 철수가 (1)과 같은 발언은 할 수 없다. 따라서 가능한 월은 7월과 8월뿐이다.

7월										14		16		
8월										14	15		17	

이 경우 생일이 14일인 경우, 진우는 생일을 알 수 없으므로 (2)와 같은 발언은 할 수 없다.

7월										~~14~~		16		
8월										~~14~~	15		17	

생일의 월이 8월인 경우, 철수가 (3)과 같은 발언은 할 수 없다. 따라서 생일은 7월 16일이다.

164 G

삼각형의 꼭짓점의 알파벳은 영어로 월의 첫 자이다. 중앙의 알파벳은 월의 합을 알파벳으로 나타낸 것이다. A–1, B–2, C–3, … Z–26, A–27

July(7)+August(8)+September(9)=X(24)

January(1)+February(2)+March(3)=F(6)

October(10)+November(11)+December(12)=G(33)

165

4	1	0	6	6	3	3	1
5	5	0	1	1	0	4	4
5	6	2	3	6	4	6	2
0	2	2	4	3	3	0	4
0	5	2	1	6	4	3	5
0	6	5	0	1	1	1	5
2	4	5	6	2	2	3	3

166 A와 E

D의 진술이 〈참〉이라고 가정하면,

	진술 내용	참/거짓	유죄/무죄
A	B는 무죄이다.		무죄
B	A와 C는 유죄이다.		무죄

C	D는 유죄이다.	참	유죄
D	C는 진실을 말하고 있다.	〈참〉	유죄
E	C는 무죄이다.		무죄

A의 진술이 참이 되므로, A도 유죄가 되어 모순이 된다. 따라서 D의 진술은 거짓이다.

	진술 내용	참/거짓	유죄/무죄
A	B는 무죄이다.		
B	A와 C는 유죄이다.	거짓	무죄
C	D는 유죄이다.	거짓	무죄
D	C는 진실을 말하고 있다.	거짓	무죄
E	C는 무죄이다.		

따라서 A와 E는 유죄가 된다.

167 D

168 7

169 978368÷32=30574

170

3	5	1	9	5
5	5	7	7	5
1	7	4	6	0
9	7	6	4	3
5	5	0	3	2

171 148개

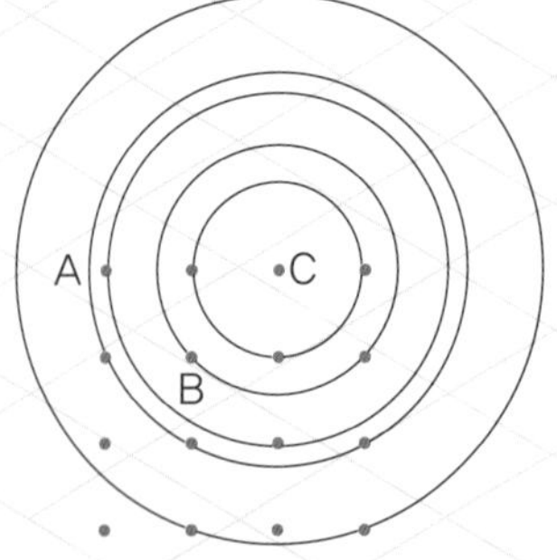

C를 중심으로 하는 동심원을 그리면, 안쪽에서부터 원 위에 이등변삼각형을 2개, 1개, 1개, 3개, 1개를 만들 수 있다. 따라서 C에 꼭지각이 위치한 이등변삼각형은 8개이다.

마찬가지 방법으로 구하면 A에 꼭지각이 위치한 이등변삼각형은 6개, B에 꼭지각이 위치한 이등변삼각형은 4+4+1+6=15개, C에 꼭지각이 위치한 이등변삼각형은 8개이므로 가능한 이등변삼각형의 총 개수는 (4×6개)+(4×15개)+(8×8개)=148개이다.

172

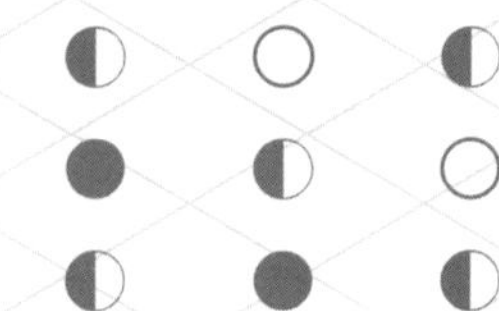

오른쪽 아래로부터 안쪽으로 시계 방향으로 나선을 돌며 13개로 이루어진 패턴이 반복된다.

멘사 수학 논리 보고서

논리적 분석·인식·추론을 통해 멘사 수학을 이해하라!

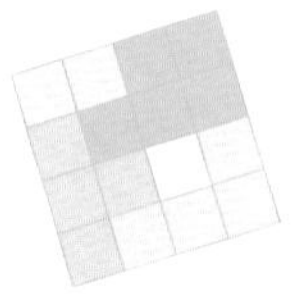

멘사 수학 논리 테스트에는 멘사 논리 퍼즐의 흥미를 느낄 수 있는 쉬운 문제부터 추론 능력의 한계를 테스트할 수 있는 어려운 문제까지 다양한 수준의 멘사 논리 테스트 문제들이 수록되어 있다. 심지어 멘사 퍼즐에 자신감이 있다고 해도 풀이의 실마리조차 찾기 어려운 문제도 있을 것이다. 하지만 멘사 수학 논리 테스트가 멘사 퍼즐의 도전 욕구와 성취 욕구를 만족시켜 주기에 부족함이 없다는 점은 꼭 전하고 싶다.

퍼즐은 인류가 존재했던 그 순간부터 중요한 초석이었다. 이제까지 역사를 가진 모든 문화와 시대에서 퍼즐의 증거를 찾을 수 있으며, 이는 고고학과 역사 연구에서 밝혀진 명백한 사실이다. 우리가 발견한 가장 초기의 글쓰기 중 일부는 점토판에 새겨진 수학 퍼즐이다. 이렇듯 퍼즐을 해결하려는 욕구는 인류에 깊이 각인되어 있다.

이렇듯 퍼즐의 역사 속에서 그 발자취를 따라가다 보면 인류는 매우 호기심 많은 종족이며, 인류가 지닌 지성과 상상력으로 지금의 세계를 이끌어 왔다. 우리가 도전하지 않고 어려운 문제에 답을 찾지 않았다면, 지금의 인류는 존재하지 못했을 것이다. 우리의 육체적 적응력도 중요하지만, 우리의 정신적 유연성 즉 "만약에 ~한다면?"을 늘 묻고 탐구해온 그 정신이 바로 우리 인류의 가장 큰 특징이다.

논리적으로 추론하는 역량은 창의력과 수평적 사고와 함께 가장 훌륭한 도구 중 하나이다. 논리는 우리의 과학적 방법 중 중요한 뼈대이다. 그럼에도 일상 속에서 그 논리가 분명하지 않을 때가 많다. 명백한 사건 A가 항상 명백한 사건 B를 야기할 때, 그 연결은 누구에게나 명백하다. 그러나 A와 B를 보고 어떤 것이 필연적으로 다른 것을 가져오는가를 밝히는 것은 인류 역사에서도 비교적 최근의 일이다. 이것이 바로 과학적 사고와 이성 그 자체의 핵심이다.

인간의 뇌는 분석, 패턴 인식, 논리적 추론을 통해 우리가 사는 세계에 의미와 구조를 부여한다. 우리는 사물을 범주화하고 범주가 의미하는 바를 살펴봄으로써 우리에게 주어지는 감각 입력을 이해한다. 우리의 정신 모델과 범주가 정확할수록 우리는 세계를 좀 더 잘 이해할 수 있다. 우리 자신을 측정하고 시험해 보려는 이런 욕구는 이 세계를 이해하기 위해 또 그 이해를 돕기 위해 결과적으로 일어나는 피할 수 없는 과정이다. 그래서 퍼즐에 도전하고 시간을 소비하는 것은 자연스런 현상이다.

멘사 수학 논리 테스트는 끊임없이 당신의 두뇌를 시험한다. 어림짐작이나 추측이 전혀 필요 없는 것은 아니지만 정확한 답을 구하기 위해서는 구체적이고 논리적인 작업을 시도해야 한다. 과학적 절차의 핵심 방법은 데이터로부터 이론을 형성하고, 그 증거와 대조하여 테스트하는 것이다. 만약 당신의 이론이 모순과 직면했다면 다른 방법을 시도해야 한다. 이 책에는 많은 자료가 있다. 문제를 해결하는 데에 그 자료는 많은 도움을 준다.

인간은 문제를 해결할 때 성취감을 느낀다. 특히 우리가 어려운 문제라고 생각하는 것을 해결할 때에는 더더욱 그렇다. 이 책의 멘사 수학 논리 퍼즐을 푸는 과정에서 논리적 추론 과정을 거쳐 결론을 이끌어내는 연역 과정을 통해 스스로의 만족감과 높은 성취감을 느낄 수 있기를 바란다.

옮긴이 윤상호

서울대학교 사범대학 수학교육과를 졸업하고, KAIST 전산학과 석사과정을 졸업하였다.
서울대학교 사범대학 부설 고등학교를 거쳐 현재 서울과학고등학교 수학 교사로 재직중이다.

멘사 수학
논리 테스트

초판 1쇄 인쇄 2018년 8월 5일
초판 1쇄 발행 2018년 8월 15일

지은이 멘사 인터내셔널
옮긴이 윤상호

디자인 박재원

펴낸이 김경희
펴낸곳 다산기획
등록 제1993-000103호
주소 (04038) 서울 마포구 양화로 100 임오빌딩 502호
전화 02-337-0764
전송 02-337-0765
ISBN 978-89-7938-115-3 04410
978-89-7938-111-5 (세트)

Korean Translation Copyright © 2018 by DASAN PUBLISHERS HOUSE, Seoul, Korea

* 잘못 만들어진 책은 바꿔드립니다

멘사코리아
주소 서울 서초구 언남9길 7-11, 5층 (제마트빌딩) **이메일** gansa@mensakorea.org **전화번호** 02-6341-3177